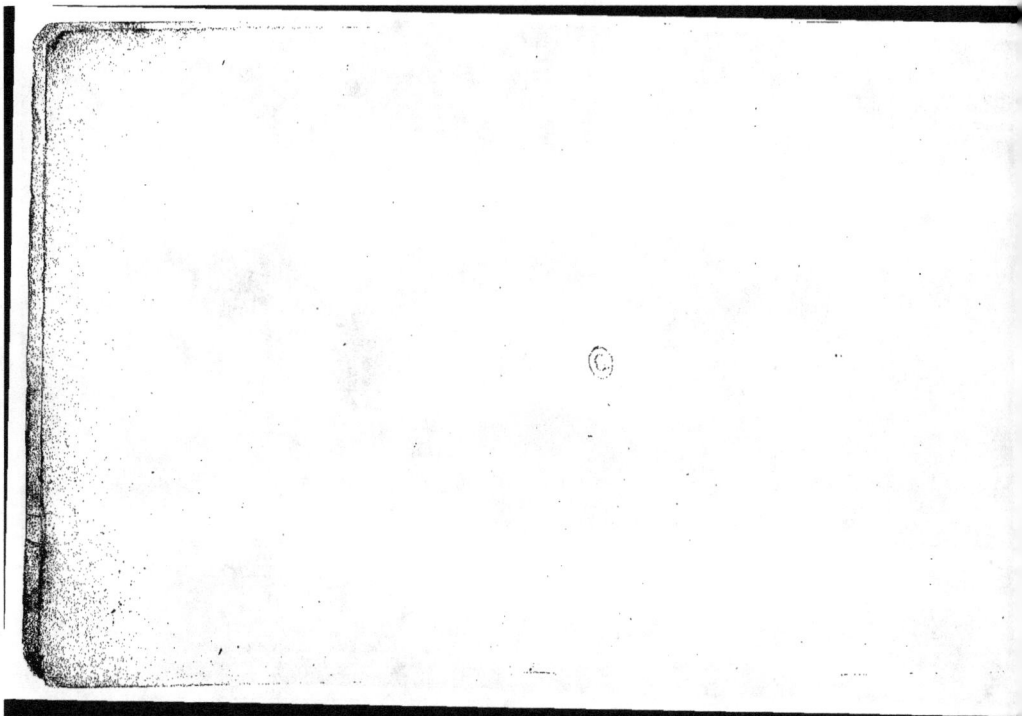

LA LIGNE DROITE

MÉTHODE DE COMPTABILITÉ

en partie double

SIMPLIFIÉE

PAR

L. CONVENTZ

A

LYON

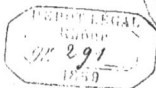

PREMIÈRE ÉDITION

TIME IS MONEY

Chez l'auteur Place du Prince Impérial, 11

et chez les principaux libraires

Lyon. Lith. Jullot Q. Joinville 41

13727

Pourquoi la ligne droite ?

Du point de départ au but qu'on se propose d'atteindre, la ligne droite déjà réputée la plus courte, est-elle préférable appliquée à la Comptabilité ? Si oui, notre titre a sa raison d'être puisqu'il ne s'écarte jamais de nos combinaisons mathématiques.

L'Auteur de cette méthode se charge de la mise en train des écritures, de l'initiation à tous les systèmes de Comptabilité, et des Vérifications et Contrôles mensuels à prix convenus d'avance par séance ou à forfait.

Avis important

En parcourant ce livre, nos lecteurs reconnaîtront bien vite que notre méthode est moins compliquée que ne l'est celle de la tenue des livres en partie simple et que son application offre des garanties sérieuses.

En mettant en pratique la ligne droite

On obtient	On supprime
Des écritures tenues à jour avec clarté et précision.	Les retards inévitables occasionnés par la lenteur désespérante des anciennes méthodes.
Des renseignements nombreux fournis par les balances	Les formules incompréhensibles pour ceux qui ont
La division des frais généraux.	le plus d'intérêt à les comprendre.
Une sécurité réciproque établie entre les chefs	Les articles fictifs.
de Maisons et les Comptables.	Les irrégularités.
Le Capital et les résultats d'inventaire à l'abri	La compensation des erreurs.
des indiscrétions.	L'ouverture des Comptes Généraux au G.' Livre.
Un contrôle mathématique résumant en six li-	Les inutiles balances d'Entrée et de Sortie.
gnes les opérations d'une année.	
Et ce qui ne gâte rien	**Et ce qui est à considérer**
On obtient	**On supprime**
Une économie considérable de temps et d'argent.	L'hésitation, et les balances par à peu près.

Notions préliminaires.

Pour faciliter l'étude de notre méthode, nous classons la tenue des livres en deux parties étroitement liées entre elles et se résumant en quatre mots:

1° Doit & Avoir
2° Entrée & Sortie

La première partie s'applique aux comptes particuliers ; la deuxième se rattache aux comptes généraux.

Des Comptes particuliers

Sont compris sous cette dénomination les comptes ouverts au Gd Livre aux fournisseurs, clients, banquiers, chefs de Maisons, bailleurs de fonds, voyageurs, employés, à tous ceux enfin avec lesquels on est en rapport d'affaires. Les Billets à payer et les acceptations sont considérés comme créditeurs ordinaires, lors de la souscription d'un billet ou de l'acceptation d'une traite ; ils deviennent débiteurs ordinaires, lorsqu'à l'échéance on en effectue le paiement.

Il est souvent nécessaire d'ouvrir plusieurs comptes aux associés d'une

(4)

maison, savoir :

1° Le compte obligé qui constitue l'apport du Capital.

2° Le compte courant sur lequel on fait figurer les sommes reçues et versées portant intérêt.

3° Le compte de levées ou de prélèvements mensuels.

On ouvre généralement deux comptes à chacun des voyageurs.

1° Le compte de voyage. 2° Le compte personnel.

Ce dernier compte peut rester débiteur ou créditeur, tandis que le compte de voyage se solde à chaque rentrée des voyageurs.

Observation importante. Autant que possible, il faudrait créditer au moins une fois par trimestre, ou mieux, une fois par mois, les comptes de levées ; ce serait d'autant plus important de solder ces comptes par mois qu'un des associés pourrait prélever une somme moindre ; alors son compte courant serait crédité de la différence, tandis qu'un autre associé pourrait prélever une somme plus importante, et son compte courant portant intérêt serait débité du surplus. Il faut aussi créditer les voyageurs et employés de leurs appointements, car, la situation mensuelle serait faussée, si on attendait pour solder ces comptes l'époque de l'inventaire.

Des comptes généraux

Si l'ensemble des comptes généraux établit l'équilibre d'une comptabilité régulièrement tenue, les unités de cet ensemble fournissent aux négociants des renseignements dont l'utilité est incontestable.

D'après notre méthode nouvelle les comptes généraux sont limités au nombre de huit, savoir:

1° Débiteurs et créditeurs par Marchandises ; Achats et ventes à terme.

2° Débiteurs et créditeurs par Règlements ; Paiements et recettes.

3° Retours de Marchandises ; Retournées par les clients & rendues aux fournisseurs.

4° Marchandises générales ; Achats et ventes à terme et au comptant.

5° Traites et Remises ; Celles qu'on reçoit et celles qu'on donne.

6° Caisse ; Espèces reçues et espèces versées.

7° Pertes et Profits ; Aux Pertes, frais généraux et rabais faits par les clients ; aux Profits, escomptes et rabais imposés aux fournisseurs.

8° Valeurs diverses ; Achats et ventes de matériel, mobilier, titres, etc. etc.

Ce serait à tort, si on voulait augmenter ou restreindre le nombre des comptes généraux ; on se priverait de renseignements de la plus haute importance, si on retranchait un de ces comptés, tandis qu'en les multipliant on augmenterait le travail sans obtenir plus de clarté.

Essayons de supprimer le compte de Retours de marchandises et nous nous trouverons en présence d'un compte de March^{ses} erroné à l'entrée, exagéré à la sortie ; attendu que les marchandises retournées par les clients reviennent dans de mauvaises conditions, c'est-à-dire, pour le prix de vente, tandis que celles rendues aux fournisseurs sortent des magasins sans laisser de bénéfices.

Il y a donc nécessité absolue de faire fonctionner ce compte de Marchandises retournées dans les balances ; si on désire avoir chaque jour sous les yeux, des renseignements trop négligés jusqu'alors et qui nous paraissent indispensables.

Serait-ce au dépens de la clarté, si on s'abstenait d'ouvrir au Grand-Livre les comptes généraux ? Nullement, car la récapitulation des balances obtenues dans le courant du mois fournit tous les renseignements désirables, voire même lorsqu'il y a urgence de fractionner le compte de March^{ses} générales, et au cas particulier nous appellerons l'attention de nos lecteurs sur notre Registre intitulé Renseignements. Ce livre divisé en trois parties, est par conséquent réglé de trois manières différentes.

- La première partie est réservée aux diverses spécialités de marchandises lorsqui on désire connaître non seulement les chiffres d'ensemble, mais encore les quantités et les prix de tels ou tels produits achetés et vendus. Cette première partie est intitulée: *Subdivision des Marchandises générales*.

La deuxième partie est destinée aux opérations qui sont en dehors du mouvement commercial. L'achat et la vente du Matériel, du Mobilier, des Immeubles, des Actions, de tout ce qui en un mot diminue le Capital commercial lorsqu'il y a achat, et de tout ce qui l'augmente lorsqu'il y a vente. Tous ces comptes ne devant pas logiquement figurer aux comptes particuliers sont utilement placés dans cette fraction du registre ayant pour titre: *Valeurs diverses*.

La troisième partie est affectée à la récapitulation des Pertes et Profits.

Ainsi, on relève du Journal des réglements, par jour, par huitaine, ou même une seule fois par mois, toutes les sommes provenant de ce compte, pour les appliquer aux différentes natures de Pertes et Profits, tels que, Patentes, Contributions, Assurances, Loyers, Frais de voyage, Commissions, Appointements des employés, salaires, Escomptes, Rabais, Ducroires, Intérêts, Changes, Agios, Menus frais, Timbres poste, Frais de bureau, Entretien, Eclairage, Chauffage, Ecurie, etc. etc. Cette troisième partie du registre a pour titre: *Résumé des Pertes et Profits*.

Il est inutile de dire que ces titres peuvent et doivent se modifier suivant les exigences du Commerce, mais le principe reste le même pour tous et Sous la dénomination de Pertes et Profits, les frais généraux de toutes espèces, les Pertes de toutes sortes, ainsi que les Profits participent en commun à la balance, ce qui abrège le travail du comptable, tandis que par la division de ces comptes, le négociant ne se contentant plus aujourd'hui comme autrefois, Du compte par trop vague appelé Frais généraux pourra d'après ce système établir de mois en mois, d'année en année, des points de comparaison qui l'amèneront peut être à découvrir que telles ou telles dépenses Dépassent ses prévisions.

Des livres exigés par la loi.

Code de Commerce, Livre 1er, titre 11, Art. 8 : « Tout Commerçant est tenu d'avoir un Livre-Journal qui présente jour par jour ses dettes actives et passives, les opérations de son commerce, ses négociations, acceptations ou endossements d'effets, et généralement tout ce qu'il reçoit et paye, à quelque titre que ce soit, et qui énonce mois par mois les sommes employées à la dépense de sa maison ; le tout indépendamment des autres livres usités dans le Commerce, mais qui ne sont pas indispensables.

Il est tenu de mettre en liasse les lettres missives qu'il reçoit, et de copier sur un registre spécial celles qu'il envoie.

Art. 9. » Il est tenu de faire tous les ans, sous seing privé, un inventaire général de ses effets mobiliers et immobiliers ; et de ses dettes actives et passives, et de le copier, année par année, sur un registre à ce destiné.

Art. 10. » Le Livre-Journal et le livre des Inventaires seront cotés, paraphés et visés une fois par année ; le livre de Copie de lettres ne sera pas soumis à cette formalité ; tous seront tenus par ordre de date, sans blancs, lacunes, ni transports en marge.

Art. 11. » Les livres dont la tenue est ordonnée, seront cotés, paraphés et visés, soit par un des juges des tribunaux de Commerce, soit par le maire ou son adjoint, dans les formes ordinaires et sans frais.

Les Commerçants seront tenus de conserver le Livre-Journal et le livre des Inventaires pendant dix ans.

Voici la formule du paraphe des livres :

Nous : ...... juge du tribunal de Commerce de ...... avons, conformément aux articles 10 à 11 du code de Commerce, coté et paraphé le présent régistre, contenant .... folios ou pages (mettre le nombre en toutes lettres) pour servir de livre-Journal à M ...... commerçant ou fabriquant, demeurant à ......

Le ...... mil huit cent, etc. (puis mettre la signature)

Art. 12. » Les livres de commerce régulièrement tenus et revêtus des formalités prescrites, peuvent être admis par le juge, pour faire preuve entre commerçants pour fait de commerce.

Art. 13. » Les livres que les personnes faisant le commerce sont obligées de tenir et pour lesquels elles n'auront pas observé les formalités ci-dessus prescrites, ne pourront être représentés ni faire foi en justice au profit de ceux qui les auront tenus.

Livre III, titre II. Art. 594. Pourra être poursuivi comme banqueroutier frauduleux, et déclaré comme tel, le failli qui n'aura pas tenu de livres, ou dont les livres ne sont pas tenus conformément aux Art. 8, 10 à 11 du Code de Commerce. »

Il y aura avantage pour tous à supprimer l'ancienne partie Double, qui a contre elle le tort de laisser trop longtemps les écritures en souffrance, et dont la balance générale laborieusement trouvée quand elle n'est pas abandonnée sans résultats, occasionne toujours des retards et parfois un préjudice dont on ne connaît pas le chiffre exact. Nous aurons bien certainement l'assentiment des négociants, parcequ'ils pourront en quelques minutes contrôler les opérations d'un mois, et parceque la sureté de nos combinaisons donnera satisfaction aux plus exigents.

Nous sommes en outre persuadés d'avoir l'approbation des Comptables. Ils apprécieront à sa juste valeur un système, qui rendant leur travail facile leur laissera un repos d'esprit dont ils étaient parfois privés à l'approche d'une balance générale.

Du Livre intitulé Extrait du Grand Livre.

Ce registre remplace avec avantage les feuilles dont on se servait pour établir la balance des écritures. Quand un compte particulier se balance, c'est-à-dire, que les sommes portées au Doet donnent un total égal à celui des sommes trouvées à l'Avoir, on n'en fait aucune mention sur ce registre.

Pour éviter de balancer lors de l'inventaire les comptes des Débiteurs douteux ou insolvables par Pertes, nous avons combiné notre réglure comme suit :

1° Débiteurs en masse .

2° Sommes considérées perdues.

3° Créditeurs.

De sorte que toutes les sommes provenant des Débiteurs solvables ou non sont confondues dans la colonne intitulée Débiteurs en masse, tandis que les sommes totales pour indiquer les insolvables ou les sommes partielles pour signaler les douteux s'inscrivent dans la colonne des sommes considérées perdues.

Toutes les sommes provenant de l'Avoir, y compris celles des Billets à Payer ou des acceptations de Traites, se portent dans la colonne des Créditeurs.

Voir le modèle ci-contre.

Remarque – Ce livre sert d'intermédiaire au Grand-Livre ancien dès qu'il est utile de le remplacer par un nouveau. (Consulter à cet effet le tableau indiquant la manière prompte et sûre de reporter au G.ᵈ Livre.)

Folios du G.L. abandonné	Année 186 31 Décembre	Folios du G.L. actuel	Extrait du Grand-Livre. relatif au 1er Inventaire.		Débiteurs en masse		Sommes considérées perdues		Créditeurs B.ts à payer Acceptations	
18	d°	1	Clement	de Mâcon .... à Nouveau	617	25			"	
31	d°	1	Duval	de Metz d°.	1 251	25			"	
43	d°	2	Didier	de Nantua d°.	976				"	
60	d°	2	David	de Villefranche d°.	1 951	80			"	
77	d°	3	Collard	de Troyes d°.	684	"			"	
89	d°	3	Alliot	de Besançon d°.	900	"	450		"	
99	d°	4	Bompard	de Lyon d°.	2 450	"			"	
100	d°	4	Malnoté	de Reims d°.	385	70	385	70	"	
117	d°	5	Barbier	de Chalon 1/2 d°.	1 417	"			"	
390	d°	16	Augu & Cie	de Marseille d°.	"				2 015	60
408	d°	17	Dosson, père et fils	de Paris d°.	"				1 560	"
520	d°	18	Billets à payer	O./ Zimmer 15 janvier d°.	"				1 000	"
520	d°	18	d°.	O./ Borel. Réal 5 Mars d°.	"				1 000	
				Débiteurs en masse et douteux	10 512	75	1 154			
				Débiteurs solvables			9 46			
				Débiteurs en masse et créditeurs			1 158	75	5 575	60
				Différence					4 937	15

Folio du 2.e précédent	Année 18 28 Février	Folio du 2.e actuel	Extrait du Grand-Livre relatif au 2.e Inventaire			Débiteurs en masse		Sommes considérées perdues	Créditeurs B.ts à payer Acceptations	
		1	Clément	de Mâcon	à nouveau	3 903	40			
		1	Duval	de Metz	d.°	2 361	15			
		2	Didier	de Pirautra	d.°	538	"			
		2	David	de Villefranche	d.°	1 475	20			
		3	Collard	de Troyes	d.°	1 490	"			
		4	Bompard	de Lyon	d.°	2 900	50			
		5	Barbier	de Chalon ½	d.°	2 754	75			
		5	Desfossés	de Villefranche	d.°	606	85			
		6	Abel	de Mâcon	d.°				34	95
		6	Caillet	de Tournus	d.°	2 127	80			
		7	Delgrange	de Chalon ½	d.°	9 140	10			
		7	Olivier	de Dijon	d.°	9 091	95			
		8	Cuinet	de Besançon	d.°	4 858	"			
		8	Dubosc	d.°	d.°	8 948	10			
		9	Christophe	d.°	d.°	4 548	"			
		9	Gaillard	d.°	d.°	14 680	85			
					À Reporter	69 411	65		34	95

Fᵒ 3

	Année 186 28 Février	Folio du Grand Livre	Extrait du Grand-Livre		Débiteurs en masse		Sommes considérées perdues	Créditeurs Bⁿ à payer Acceptations	
				Report à nouveau	69 411	65		32	95
8°	10	Contal	de Dôle		19 109	20			
8°	10	Buisson, pierre	de Gray	8°	6 750				
8°	11	Perrin	de Langres	8°	5 834	80			
8°	11	Moulot, fils	de Vesoul	8°	5 561	80			
8°	12	Comptes en litige		8°	700		700		
8°	12	Menu	de Voiron	8°	103		103		
8°	13	Borel, Réal	de Lyon	8°				4 000	
8°	14	Leriche & Cⁱᵉ banquiers	de Lyon	8°	3 465	32		218	
8°	16	Renard, voyageur	of Cⁱᵉ Personnel	8°				6 172	80
8°	16	Augu & Cⁱᵉ	de Marseille	8°				70	
8°	17	Corlet, mon Employé		8°				1 034	20
8°	18	Bⁿ à payer & Accept		8°				19 018	25
8°	18	Lebeau & Cⁱᵉ	de Paris	8°					
			Débiteurs en masse et douteux		110 933	17	803		
			Débiteurs solvables				110 130 17		
			Débiteurs en masse et créditeurs				110 933 17	30 546	20
			Différence					80 386	97

Du Livre des Inventaires.

Ce livre prescrit par la loi (Art. 10 du Code de C^{ce}) doit être coté et paraphé, tenu par ordre de dates, sans blancs, lacunes, ni transports en marge.

L'Inventaire se dresse aussi souvent qu'on le désire; il est obligatoire une fois par année.

A part les marchandises qui doivent être comptées, pesées ou mesurées, voire même lorsqu'on tient ce compte par quantités et valeurs entrées et sorties; à part aussi les valeurs diverses comprenant le mobilier, le matériel, les immeubles, etc, etc, qui doivent recevoir une estimation sérieuse et raisonnée, tous les documents de l'Inventaire se trouvent centralisés, soit sur le livre des récapitulations des C^{tes} G^x, lorsque le Comptable est chargé de régler les inventaires, soit sur le livre des vérifications mensuelles, lorsque le Chef de Maison désire connaître seul les résultats de l'Inventaire.

Pour obtenir plus de précision, nous avons disposé sur trois colonnes la réglure de ce livre.

On inscrit dans la colonne intitulée Actif tout ce que l'on possède, dans la colonne intitulée Passif tout ce que l'on doit, et le capital provenant de la différence qui existe entre le Passif et l'Actif se porte dans la colonne intitulée Capital et Résultats.

Dans l'espoir d'obtenir un résultat conforme à leurs prévisions, quelques négociants anticipant sur l'avenir oseraient devoir porter au Passif le chiffre de l'escompte à faire aux clients, et à l'Actif le chiffre de l'escompte à retenir aux fournisseurs. Cette appréciation qu'une circonstance imprévue peut modifier est complètement aléatoire; aussi ne trouve-t-elle place ici que pour démontrer comment on passerait l'article, si on était tenté d'opérer ainsi. Mais un point sur lequel nous appelons l'attention de nos lecteurs, est celui qui est relatif au Portefeuille réescompté, c'est-à-dire, diminué des intérêts à courir ; d'ailleurs, cet article ne nécessite aucune écriture. On porte à l'Actif la somme trouvée en Portefeuille, et sur la même ligne dans la colonne du Passif la somme des intérêts et change qui seraient réclamés par le banquier, si on lui remettait un bordereau formant le total de l'existence en Portefeuille.

On opère de la même manière en ce qui concerne les Débiteurs douteux. Ainsi, solvables et douteux sont placés dans la colonne de l'Actif, et en face, dans la colonne du Passif, on écrit la somme provenant des débiteurs douteux. Par ce moyen bien simple, on évite de balancer par Pertes les comptes des débiteurs insolvables.

Il est d'usage dans le Commerce, et particulièrement dans l'industrie, de déprécier de 10 % par année le matériel et le mobilier. Tout en reconnaissant la sagesse qui a présidé à ce mode de faire nous n'en combattons pas moins le chiffre arbitraire de 10 %, qui serait, à notre avis, avantageusement remplacé par une appréciation raisonnée de la valeur desdits mobilier et matériel. On nous dira probablement que cette diminution fixe n'aurait pas sa raison d'être, si elle ne devait pas aboutir à l'amortissement dans un bref délai. A cela nous répondrons que l'amortissement complet d'un matériel est illogique, et peut occasionner un danger dans plus d'une circonstance. Ce mode de faire a en outre l'inconvénient de fausser la situation des inventaires. C'est pourquoi nous préférons au chiffre fixe de 10 % une estimation consciencieuse des dits mobilier et matériel.

Folios des comptes généraux	Inventaire en date du 31 Décembre 186	Actif		Capital nouveau Capital ancien Résultats	Passif	
	Fonds de Commerce acheté	10.000	"			
	Débiteurs en masse, déduction faite des sommes	10.512	75		775	70
	Escompte 3 % à déduire aux débiteurs solvables				292	10
	Marchandises inventoriées	85.650	"			
	6 Effets en portefeuille ensemble intérêts déduits	3.551	40		33	90
	Espèces en Caisse	8.718	95		"	
	Timbres-poste	52	70		"	
	Timbres-mandats	89	30		"	
	Matériel	4.000	"		"	
	Chevaux et voitures	3.500	"		"	
	Mobilier	4.975	"		"	
	Titres et actions	1.000	"		"	
	Immeubles	32.000	"			
	Créditeurs				5.575	60
	Escompte 3 % à retenir sur 3575 francs	107	25			
	Rente à payer à X 800ᶠ capitalisés à 5 % provenant de 16000ᶠ restant dû sur l'immeuble	"	"		16.000	"
	Actif et Passif	164.156	75		22.677	30
	Capital nouveau	"	"	141.479 45		
	Capital ancien			133.850 10		
	Résultat, Bénéfice			8.810 35		

Nota. On trouvera le 2ᵉ Inventaire après les opérations contenues dans cette méthode.

Du Journal d'Achats
Intitulé Fournisseurs. (*)

Afin de ne laisser aucune prise aux erreurs, tous les folios de ce registre sont précédés de la lettre F qui signifie Fournisseurs.

Pour faciliter les recherches, bon nombre de négociants attachent une grande importance à la copie textuelle des factures reçues ; d'autres se contentent de les classer par ordre et ne portent sur ce registre que le nom de l'expéditeur, sa résidence, la date de la facture et les conditions de paiement ; puis inscrivent la somme totale déduction faite de l'escompte dans la colonne de gauche qui précède le nom intitulée *Totaux à reporter au Grand-Livre.*

Est-il nécessaire d'inscrire les factures le jour même de leur réception ?

Y aurait-il inconvénient à n'en passer écriture qu'à l'arrivée des marchandises ?

Sur ces deux points les avis sont partagés. Toutefois nous préférons ce dernier mode parceque les colis attendus peuvent faire fausse route, arriver avec un manquant contenir de la marchandise non conforme à l'échantillon, ou bien encore, arriver trop tard. Ce second parti serait d'autant plus sage que la jurisprudence de la Cour de cassation, et les Cours impériales décident que , le refus de la marchandise emporte avec lui le refus de la facture, et dès lors il est parfaitement inutile pour le négociant d'ins-

(*) On pourrait supprimer ce livre en réunissant les factures d'achats dans un Dossier et en les foliotant.

cire une facture, alors qu'il ne sait pas encore s'il prendra livraison des marchandises dont cette facture lui annonce l'arrivée.

Lorsqu'on est en rapport d'affaires suivies et multipliées avec un fournisseur on pourrait classer les notes qu'il remet en livrant ses produits et attendre sa facture générale, laquelle reconnue exacte, serait portée sur ce registre en un seul total à reporter au Grand-Livre, suivie, si on le désire, de la copie des notes reçues pendant le mois.

Nota – Par mesure de précaution et pour ne pas confondre une somme partielle avec celle destinée à être reportée au Grand-Livre, nous avons placé cette dernière à gauche du registre, entre les folios et les deux colonnes réservées aux pointages du nom et de la somme.

Remarque. Les noms des fournisseurs s'inscrivent en caractères saillants, tout près des filets ménagés aux pointages des noms, tandis que le détail des marchandises s'écrit un peu en dedans du texte. Cette disposition rend inutiles les lignes qui séparent chaque article; elles ne sont employées que pour désigner l'arrêté d'une balance.

Année 186_	Folios du Grand Livre	Sommes ajoutées au Grand Livre Avoir	Noms et domiciles des Fournisseurs. Désignation des Marchandises.	Quantités		Fractions	Prix		Sommes partielles	
			Report							
Janvier 4	14	1978 30	Boyer fils de Nantes, sa facture du 15 Xbre payable à 30 jours							
			Café Java	320	K	"	2	60	832	"
			Sucre raffiné	875	"	"	1	20	1050	"
			Poivre rond	52	K	500	2	80	147	"
			Total brut						2029	"
			Escompte 2 %						50	70
D°	19	631 85	Bardin, frères et Cie, de Marseille, leur facture du 211 Xbre dernier							
			Café Moka	76	K	500	2	90	221	85
			Oranges 10 caisses	10	C	"	45	"	450	"
			Total brut						671	85
			leur escompt rabais 8 par 9 oranges						50	"
D°	17	167 20	Desson, père et fils de Paris, leur facture du 30 Xbre dernier, franco d'emb.							
			Chocolat Menier	20	K	"	3	"	60	"
			Chocolat Armature, étiquette bleue	20	"	"	3	20	64	"
			Bonbons Anglais	12	"	"	3	60	43	20
			Total						167	20
		2767 35								

F. 2

Année 186	Folios du Grand Livre	Sommes à reporter au Grand Livre. Avoir	Noms et Domiciles des Fournisseurs Désignation des Marchandises.	Quantités		Fractions	Prix	Sommes partielles.
Janvier 12	19	4367 70	Report Bardin, frères et Cie de Marseille, leur facture du 8 Ct, payable moitié à 30j. moitié à 60j. Escompte 1%. Marqué 31 balles café moka, pesant brut 1581ᵏ BF & Cie Tare 33 Nᵒˢ 1 à 31 Net 1548 Escompte 1%	1548	K	"	2 25	3411 80 44 10
Dᵒ	20	18	9018 25	Lebeuf & Cie de Paris, leur facture payable à 90j. 2% Esc. 810 pains sucre ensemble net Escompte 2%	8002	K	"	1 15	9202 30 184 05
Dᵒ	25	16	4586 40	Augu & Cie de Marseille, leur facture du 18 Courant 50 Caisses savon poids brut 5550 Tare 350 Net 5200 Escompte 2%	5200	K	"	0 90	4680 " 93 60
Février 5	13	4000 "	Borel-Réal de Lyon, sa facture Bougies 1ère qualité de 2ᵉ qualité	2000 2000	P P	" "	1 05 0 95	2100 " 1900 "
Dᵒ	15	16	6172 80	Augu & Cie de Marseille, leur facture 60 Caisses savon poids brut 6850ᵏ Tare 420 Net 6430 6172.80	GH30	K	"	0 96	6172 80

F 3

Année 186_	Folios du grand livre	Sommes à reporter au grand-livre Avoir	Noms et domiciles des Fournisseurs Désignation des Marchandises	Quantité		Fraction	Prix	Sommes partielles
Février 25	18	10 000	Report Lebeau & Cie de Paris, leur facture ——— 951 Pains sucre, Poids net ——— Commission en plus	9500	K	"	1 04	9880 120
		10.000						

Du Journal de Ventes
Intitulé Débiteurs

Pour éviter les erreurs qui pourraient se produire en reportant au Grand-Livre, tous les folios de ce registre sont précédés de la lettre D qui signifie Débiteurs.

On inscrit sur ce livre au fur et à mesure qu'elles ont lieu toutes les Ventes à terme. Par conséquent la facture remise au client ne doit être que la copie fidèle de l'article enregistré.

Si l'importance ou la multiplicité des affaires l'exige on peut sans inconvénient faire fonctionner à la fois plusieurs Journaux de Débiteurs; mais en ce cas il convient de leur donner un numéro d'ordre, ou de les indiquer par des lettres, et pour faciliter le travail on peut diviser ces registres par série paire et impaire. Le Comptable chargé des reports au Grand-Livre, ainsi que les employés aux écritures premières trouvent, en mettant ce moyen en pratique, une économie de temps incontestable.

Remarque. Le nom des clients s'écrit en caractères saillants, tandis que l'explication des marchandises à eux livrées se place un peu en dedans du texte sur la ligne au crayon tracée à cet effet, et la somme à reporter au Grand-Livre se place en face et à gauche du nom.

Voir les tableaux ci-après pages 25 à 30

D 1.

Année 186	Folio du Grand-Livre	Sommes à Reporter au Grand-Livre Doit.	Noms et domiciles des Clients Désignation des Marchandises.	Quantités		Fractions	Prix		Sommes partielles	
			Report							
Janvier 31	2	538 "	Didier de Nantua, ma facture							
			huile d'olive	125	K	"	2	10	252	"
			Café Ceylan	81	K	500	2	50	203	75
			Bougies 1ère qualité	30	faq	"	1	15	34	30
			Bougies 2ème do.	310	faq	"	1	"	310	"
			1 fut 6f. et caisse 1.75	"	"	"	1	"	7	75
do. "	3	451 "	Collard de Troyes, ma facture							
			Vin de Fleury	2	Pcs	"	140	"	280	"
			Cognac vieux	50	L	"	3	"	150	"
			2 futs 18f et 1 panier 3f.	"	"	"	"	"	21	"
do. "	5	75 "	Barbier de Chalon s. s., ma facture							
			Pétrole	85	L	"	0	60	51	"
			Bougies 2ème q.te	24	faq	"	1	"	24	"
			1068. "							
Janvier 8	1	1021 15	Duval de Metz, ma facture							
			10 Caisses savon puissant brut 1102k5							
			Tare 70.							
			Net 1032.5	1032	K	500	0,99		1021	15
		1021 15	à Reporter							

Année 186	Folio du Grand Livre	Sommes à Reporter au Grand Livre Doit	Noms et domiciles des Clients Désignation des Marchandises	Quantités	Poids ou mesure nette	Tradions	Prix	Sommes partielles
		1021 15	Report					
Janvier 8	1	348 75	Clément de Mâcon, ma facture	300	pag	"	1 15	348 "
			Bougies 1re qté	3	q	"	1 25	3 75
			Emballage					
2e	3	379 50	Bompard de Lyon, ma facture	6	q	"	52 "	312 "
			Oranges	10	K	"	3 25	32 50
			Chocolat Menier	10	K	"	3 60	25 "
			Chocolat Armateur					
		1749 40						
2e	13	1369 20	David de Villefranche, ma facture	925	K	"	126 "	1165 50
			100 pains sucre ensemble	97	K	"	2 10	203 70
			2 balles café Bonaire					
2e	5	1082 75	Desfosses de Villefranche, ma facture	650	L	"	1 96	637 "
			1 pipe 3/6 Midi	231	K	"	1 25	312 75
			25 pains sucre	2	q	"	55 "	110 "
			Oranges	1	fût	"	"	25 "
			1 fût cercle fer					
2e	6	1003 90	Abel de Mâcon, ma facture	156	K	"	2 40	374 40
			Huile d'Olive	"	"	"	"	6 "
			1 fût	296	K	"	2 15	623 50
			6 balles café Ceylan					
2e	6	333 "	Caillet de Tournus, ma facture	110	K	"	0 75	82 50
			Riz Caroline qté Supre	"	"	"	"	2 "
			1 sac	202	K	"	1 25	252 50
			20 pains sucre					
		3792 85						

Année 186	Folios du Grand Livre	Sommes à reporter au Grand-Livre Doit	Noms et Domiciles des Clients — Désignation des Marchandises	Quantités	Désignation des marchandises	Fraction	Prix	Sommes partielles
			Report					
Janvier 20	5	2734 75	Barbier de Chalon sur Saône, ma facture	987	K	800	1 22	1204 75
			100 pains sucre	612	K		2 50	1530
			12 Balles café Sécanger					
do	7	3522 10	Delgranges de Chalon sur Saône, ma facture	1976	K		1 215	2400 85
			200 pains sucre	475	K		2 35	1116 25
			8 Futs huile d'Aix	"	"		7 50	15 "
			2 futs					
do	7	5798 95	Olivier de Dijon, ma facture	2964	K		1 21	3586 45
			300 pains sucre					
			15 Balles café moka brut 766 K					
			Tare 16					
			Net 750	750	K	"	2 95	2212 50
		12065.80						
do	25 8	1108 "	Cuinet de Besançon, ma facture	1000	pag	"	1 10	1100 "
			Bougies 1re Qualité	4	Q		2 "	8 "
			Caisse, emballage					
do	8	4391 50	Dubosc de Besançon, ma facture					
			25 caisses savon pt brut 2780 K					
			Tare 356					
			Net 2424	2424	K	"	0 98	2375 50
			Bougies 2e Qualité	2000	pag	"	1 "	2000
			Caisse emballage	8	Q	"	2 "	16 "
		5499 50	à Reporter					

Année 186	Solde du Grand Livre	Sommes apportées au Grand livre Doit	Noms et domiciles des Clients. Désignation des Marchandises.	Quantités		Fraction	Prix	Sommes partielles.
		5499	50	Report					
Janvier 25	9	911	25	Christophe de Besançon, ma facture					
				75 pains sucre poids net	750	K	"	1	215	911	25
x	9	10555	85	Gaillard de Besançon, ma facture					
				15 fûts huile d'olive, poids net	1575	K	"	2	35	3703	25
				15 balles café moka poids net	750	"	"	2	95	2212	50
				250 pains sucre poids net	2480	"	"	1	31	2900	80
				15 caisses savon	1685	et	"	1	91	1653	30
				fûts	15	fûts	6	"	90	"
Février 4	10	9654	70	16966.60 Cantal de Dole, ma facture					
				3/4 Béziers	702	litre	"	96	673	90
				Farine 1re qte	80	sacs	60	"	4800	"
				Blé Danube	50	h	35	"	1750	"
				200 pains sucre	1920	K	1	21	2395	20
				1 fût	"	"	"	"	35	"
x	10	12750	"	Brisson frères de Pacy, ma facture					
				Vin du Midi	50	P	55	"	2750	"
				Beaujolais	40	P	70	"	2800	"
				Mâcon 1865	30	P	110	"	3300	"
				Mâcon 1864	30	P	130	"	3900	"
x	7	3	1490	"	22910H.70 Collard de Troyes, ma facture					
				Vin de Beaujolais	10	P	140	"	1400	"
				10 fûts	"	"	9	"	90	"
		1490	"	à Reporter					

Année 186	Folio du Grand Livre	Sommes à reporter au Grand Livre Doit	Noms et domiciles des Clients. Désignation des Marchandises.	Quantités			Prix	Sommes partielles	
		1490 "	Report						
Février	7	1	1340 "	Duval de Metz, ma facture					
			20 Caisses savon ord. brut — 2680 k						
			Tare — 420						
			Net — 2200	2200	K	"	0	60	1320 "
			Emballage	"	"	"	"		20 "
			2830. "						
d°	3	11	5832 80	Perrin de Langres, ma facture					
			12 balles café padang	650	K	"	2	45	1592 50
			12 — d° — gonaïve	730	"	"	2	30	1679 "
			12 — d° — Ceylan	655	"	"	2	10	1375 60
			100 Pains sucre	980	"	"	1	21	1185 80
d°	"	11	5561 20	Mulot fils de Vesoul, ma facture					
			3/6 Bézier w 1 fut. 35.l	610	L	"	"	96	620 60
			12 ∅ savons Marseille	1330	K	"	1	02	1356 60
			20 sacs café Gonaïves	1080	K	"	2	30	2484 "
			Bougies 1re	500	P	"	1	15	575 "
			d° — 2e	500	P	"	1	65	625 "
d°	"	9	3636 75	Christophe de Besançon, ma facture					
			10 ∅ savon Marseille Poids net	1150	K	"	1	02	1173 "
			15 Balles café Padang	800	"	"	2	40	1920 "
			Huile d'olive, plus 1 fut à 15.l	235	"	"	2	35	543 75
			15030.75						
d°	20	8	4556 60	Dubosc de Besançon, ma facture					
			150 pains sucre Poids net	1460	K	"	1	21	1766 60
			25 sacs café Gonaïves	1240	"	"	2	25	2790 "
			4556 60	à Reporter						

D 6

Année 186	Folio du Grand Livre	Sommes reportées au Grand Livre Doit		Noms et domiciles des Clients Désignation des Marchandises	Quantités		Emballages Bris & Tares	Prix	Sommes partielles	
		4556	60	Report						
Février 20	8	3788	"	Cunet____ de Besançon, ma facture						
				Vin du Midi ____ ? fûts perdus____	30	P	"	55	1650	"
				X de Beaujolais ___	20	"	"	110	2200	"
d°	9	4125	"	Paillard____ de Besançon, ma facture						
				Vin du Midi, fûts perdus ____	75	P	"	55	4125	"
d°	10	8754	50	Contal____ de Dôle, ma facture						
				Café Java _ 30 balles poids net	1650	K	"	2 70	4485	"
				X _ Bonoira 30 sacs	1705		"	2 30	3921	50
				X _ Motta _ 2 balles ____	120		"	2 95	348	"
				21186.10						
Février 25	F	3300	"	Olivier____ de Dijon, ma facture						
				Vin du Midi, fûts perdus____	60	P	"	55	3300	"
d°	F	6610	"	Delgranges Chalon s/o, ma facture						
				Vin du Midi, fûts perdus____	80	P	"	54 50	4360	"
				X de Beaujolais ____	30	"	"	75	2250	"
d°	6	1790	80	Caillet____ Tournus, ma facture						
				150 Pains Sucre ____	1480	K	"	1 21	1790	80
d°	1	3903	40	Clément____ Mâcon, ma facture						
				Vin du Midi ____	55	P	"	55	3025	"
				75 Pains Sucre ____	720	K	"	1 21	878	40
				15604.20						

Du Journal des Réglemens.

À l'exception des achats et ventes à terme, on inscrit directement sur ce registre toutes les opérations, au fur et à mesure qu'elles se présentent.

L'emploi de ce registre entraîne la suppression du livre de Caisse, des Traites et Remises, du livre d'annotations ; coté et paraphé lorsque les écritures sont bien tenues il supprime aussi le Journal Général.

Les articles du *Doit* et de l'*Avoir*, inscrits sur ce registre, sont reportés directement au Grand-Livre à leurs folios respectifs. Quant aux articles relatifs aux comptes généraux, nous laissons à la balance le soin de nous avertir, s'il y a erreur ou fausse interprétation.

Dans les opérations simples, le *Doit* d'un compte particulier exige une ou plusieurs sorties des comptes généraux ; tandis que l'Entrée de ces mêmes comptes doit être en rapport avec l'*Avoir* d'un compte particulier. Il en est de même des comptes généraux livrés à eux-mêmes ; l'Entrée de l'un nécessite la Sortie de l'autre.

Les opérations composées ou compliquées diffèrent de ces données générales. Voici un exemple : un client demande un retard de deux mois pour payer une somme de 252 francs ; à la rigueur, nous pouvons lui réclamer l'intérêt de cette somme, soit à 6 %, 2^{f}50. Pour passer cette écriture, nous mettons à son avoir la somme de 252^f dont il était débité, puis nous inscrivons à l'Entrée de la Caisse 254^f.50. et à la Sortie des Pertes, c'est-à-dire aux Profits, la somme de 2^f.50 pour intérêts. Nous donnons ci-après suffisamment d'exemp.

plus, pour qu'il soit nécessaire d'insister davantage à cette place, sur la manière de passer écriture des opérations compliquées ; d'ailleurs les titres placés en tête du registre seront faciles à comprendre, si le lecteur veut prêter un peu d'attention aux explications qui suivent :

1° *Colonnes des dates.* Immédiatement en dessous du titre nous avons placé le chiffre 18, qui complété à la main formera l'année jusqu'en 1899. On écrit dans la petite colonne le quantième et dans la plus large le mois.

2° *Colonne des folios.* Tous les folios du Grand-Livre doivent être placés sur les livres auxiliaires avant de commencer les reports au Grand-Livre. Guidés par le répertoire, qui doit être tenu constamment à jour, on écrit devant chaque nom le folio du Grand-Livre où le compte est ouvert, et lorsqu'il se présente des noms qui ne figurent pas encore au répertoire, il est important de choisir immédiatement la place qu'ils devront occuper au Grand-Livre, et après les avoir inscrits au répertoire on écrit les folios en face de chaque nom.

3° *Colonnes des sommes à reporter au Grand-Livre.* Au Doit on inscrit la somme totale donnée formant l'ensemble d'un règlement ou d'une remise en compte. A l'Avoir on écrit la somme totale reçue formant aussi l'ensemble d'un règlement ou d'une recette en compte.

4° *Colonnes de Pointage.* Entre le Doit et l'Avoir nous avons placé trois filets noirs laissant deux espaces en blanc, l'un est destiné aux pointages des noms, l'autre est réservé aux pointages des sommes. *Nota.* Le pointage des écritures par notre système n'a aucune analogie avec le le fatigant travail des anciennes méthodes ; car, on pointait autrefois les écritures pour rechercher les erreurs, tandis que notre pointage est conçu en vue de les éviter.

5° *Raisonnements des opérations*. Tous les articles provenant soit des comptes particuliers, soit des comptes généraux s'inscrivent tous contre la ligne qui sépare les centimes de l'espace réservé aux raisonnements, tandis que le détail des articles concernant chaque règlement s'écrit un peu à droite, près de la ligne grise tracée à cet effet. Les deux lignes grises placées à droite de la colonne raisonnements des opérations sont destinées à recevoir l'échéance des valeurs qui entrent ou qui sortent du portefeuille.

6° *Colonnes communes aux Retours de Marchandises et aux Marchandises Générales*. Les retours de Mses ayant un compte spécial qui fonctionne dans les balances, ne doivent pas se confondre avec l'entrée et la sortie des Marchises Générales, de sorte que pour être additionnés isolément, il serait bon d'indiquer leur présence par des chiffres plus gros ou plus petits, plus droits ou plus penchés que ceux dont l'usage est habituel, autrement on pourrait employer le signe + pour l'entrée et le signe — pour la sortie.

7° *Colonnes des Traités et Remises*. A gauche de l'Entrée nous avons placé une colonne dont chaque ligne porte un numéro d'ordre, et à droite de la sortie nous avons ménagé une autre colonne divisée en deux parties réservées à l'échange des folios et des numéros.

Nous allons en quelques mots initier le lecteur à cette manière d'opérer. Dès qu'un effet est reçu ou en passe écriture, et avant de le mettre en portefeuille on lui donne une marque qui le fera reconnaître en cas de recherche ; cette marque se compose du folio où il est inscrit et du numéro correspondant à la ligne de son entrée. A la sortie d'un effet, il est inutile de lui donner une marque distinctive, seulement on signale en face de sa sortie à la colonne d'échange le folio et le numéro de son entrée, tandis qu'en regard de son entrée on écrit à la colonne d'échange le folio et le numéro correspondant à la sortie.

Revenons à l'application des colonnes Traites et Remises. Pour connaître à première vue le nombre des effets restant en portefeuille, on compte en les cumulant les effets entrés et sortis. Ces nombres se reportent en tête de chaque folio aux colonnes de cumul, de sorte qu'en retranchant du nombre entré le nombre sorti on peut, à chaque instant, se rendre compte de l'existence en portefeuille.

8° *Colonne de Caisse, espèces*. Ce compte n'offre rien de particulier ; à l'Entrée, toutes les espèces reçues, à la sortie, toutes les espèces versées. Cependant, nous ne devons pas quitter cette place sans appeler l'attention de nos lecteurs sur les recettes et les dépenses fictives, qui deviennent de plus en plus nombreuses depuis l'emploi du système de comptabilité en partie mixte. On reçoit, par exemple, 100.40, composés de 100 en espèces et 0.40 en timbres poste. Dans ce cas, on ferait entrer à tort en Caisse 100.40, puisqu'on serait obligé de passer un contre article par sortie de Caisse et Frais généraux. On doit donc porter à l'Avoir de celui qui donne 100.40, par

100 entrées en Caisse et 0.40 entrés aux Frais généraux, en indiquant la nature de ces frais, soit timbres poste. Le même contre sens est parfois employé dans la pratique des méthodes anciennes, lorsqu'il s'agit d'un chèque payable chez un banquier remis à un correspondant. Dans ce cas la Caisse ne s'ouvre ni pour recevoir, ni pour payer; or il faut, pour rester vrai, simplement porter au Doit de celui qui reçoit et à l'Avoir de celui qui donne. On nous dira que par l'entrée et la sortie de la Caisse on arrive au même résultat. D'accord, mais avec cette interprétation les écritures ne reflètent qu'imparfaitement l'opération; puis ne faudra-t-il pas perdre son temps pour contre passer l'article? et au surplus est-il utile de créer deux mensonges pour obtenir une vérité?

9° *Colonnes des Pertes et Profits.* Nous ne savons trop pourquoi, vivant ces deux mots à la même chaîne, on dit habituellement « *Il faut passer tel article par Profits et Pertes* », ce qui revient à dire, à une nuance près, qu'il faudrait passer tel autre article par entrée et sortie des marchandises. Faites-vous un rabais à un client? Passez l'article par Pertes. Obtenez-vous un escompte d'un fournisseur? Passez-le par Profits.

Doit-on dire pour désigner ce compte, *Pertes et Profits*, et non pas *Profits et Pertes*? Disons d'abord que l'entrée s'effectue avant la sortie; et puis a-t-on jamais dit Avoir et Doit? Poursuivons en simulant au Grand-Livre l'ouverture de ce compte et vous verrez que c'est à tort que les anciennes méthodes ont maintenu l'expression interposée *Profits et Pertes*.

Que penserait-on d'un professeur donnant à ses élèves une explication ainsi conçue? Vous avez oublié une perte de 5.10, écrivez cette somme à gauche du compte, section des Profits. Vous avez réalisé un bénéfice de 12.75 provenant d'un escompte, hâtez-vous d'inscrire cette somme à droite, section des Pertes.

Décidément, il faut dire Pertes et Profits.

Ouverture au G^d Livre du Cte Pertes et Profits

Profits	et	Pertes
Doit		Avoir
5	10	12	75

Nota. Nous avons placé à gauche des Pertes et à droite des Profits deux colonnes assez larges pour recevoir l'indication de la nature des Pertes et Bénéfices.

Remarque importante. Dans une Maison où la division du travail devient une nécessité, il serait urgent d'avoir deux livres de Réglements; sur l'un on inscrit que l'Avoir des comptes particuliers par l'entrée des comptes généraux; sur l'autre on écrit le Doit des comptes particuliers par la sortie des comptes généraux; seulement il est urgent de faire folioter le registre des sorties à partir du dernier folio du registre des entrées.

Voir les tableaux ci-après pages 38 et suivantes.

Journal

des

Réglemeuts

L.F.A.

Année 186	Folios du Grand-livre	Sommes à reporter au Grand-livre		Raisonnements des Opérations.	+ Remplis +	Retours de Marchandises et Marchandises Générales Achats et Ventes au Comptant	
		Doit	Avoir			Entrées	Sorties
				Reports			
31 Dbre		"	"	Espèces provenant de l'inventaire			
		"	"	Effets . . . . suivant détail			
		"	"	Billet Echu de Saumur . . . . . . 10 Février			
		"	"	Morin d'Orléans 15			
		"	"	M[r] M[d] of Jobain de Mâcon 15			
		"	"	Cie Jarrin de Paris et Mathieu de Besançon, 5			
		"	"	B[t] Lagrange de Charolles . . . . . 10 Mars			
		"	"	Grandjean de Villefranche 25			
		"	"	En portefeuille 6 Effets 3 551.40			
		"	"	En Caisse Espèces 8 718.95			
4 Janvier	4	"	1 000 "	Duval de Metz, reçu un billet de banque			
	4	"	2 000 "	Bompard de Lyon, ses remises en compte			
		"	"	of Cie of Villard de Clermont Ferr[d] 10 Mars			
		"	"	of Gaulin de Barace 10			
		"	"	of Mathieu de Mâcon . . . 25			
		"	"	of Etienne de Salins 31			
		"	"	of Germain de Chalon ½ . . . 10 Avril			
		"	"	Cie Leroux de Metz of Boyer de Lyon 15			
	19	100 "	"	Lettre de voiture Boyer de Ibarrera plus 075 pour Bour		72 25	
		"	"	Renard Cie de voyage, espèces à son départ . . .			
		300 "	3 000 "	A Reporter . . . . +			
				A Reporter		72 25	" "

	Traites et Remises		Echange		Caisse, Espèces		Nature des Pertes	Pertes et Profits		Nature des Profits
	Entrées Par balance	Sorties Par balance			Entrées	Sorties		Frais généraux, Escomptes, rabais, etc., etc., Timbres poste reçus en arbitre	Bénéfices, Escomptes, rabais, etc., etc., Timbres poste envoyés ou cédés	
1	,,	,,	,,	,,	,,	,,	,,	,,	,,	
2	,, 800	,,	,,	,,	8 718 95	,,		,,	,,	
3	800	,,	,,	4 4	,,	,,		,,	,,	
4	215 75	,,	,,	2 5	,,	,,		,,	,,	
5	602 ,,	,,	,,	2 8	,,	,,		,,	,,	
6	764 ,,	,,	,,	2 6	,,	,,		,,	,,	
7	333 30	,,	,,	3 4	,,	,,		,,	,,	
8	636 35	,,	,,	2 7	,,	,,		,,	,,	
9										
10	3 551 40		,,	Cumul	,,	,,		,,	,,	
11	,, 6		,,	,,	8 718 95	,,		,,	,,	
12										
13			,,	,,	1 000 ,,	,,		,,	,,	
14										
15	400 ,,	,,	,,	3 9	,,	,,		,,	,,	
16	500 30	,,	,,	5 5	,,	,,		,,	,,	
17	250 ,,	,,	,,	7 4	,,	,,		,,	,,	
18	317 50	,,	,,	3 10	,,	,,		,,	,,	
19	189 ,,	,,	,,	8 8	,,	,,		,,	,,	
20	343 20	,,	,,		,,	,,		,,	,,	
21	,,	,,	,,		,,	73 25		,,	,,	
22	,,	,,	,,		,,	300 ,,		,,	,,	
	2 000 ,,	,,	,,	Cumul de sortie	1 000 ,,	373 25		,,	,,	
	Effets entrés par 6	Par N° effets sortis		,,						

Année 186	Folio du grand livre	Sommes à reporter au Grand livre		Raisonnements des opérations	+ Retournés -	Retours de Marchan. Marchandises Générales Achats et Ventes au Comptant	
		Doit	Avoir			Entrées	Sorties
				Reports	+	72 85	"
				Reports			
4 Janvier	1	300 "	3 000 "	Clément de Macon .... Retour de Marchandises	+	47 "	"
		" "	47 "	Fournitures de bureau .... Facture Michel		"	"
				Port au renvoi Clément de Macon		"	"
	16	2 015 60	" "	Augu & Cie de Marseille My Réglement .		"	"
				1/ Orléans .... 11 Février		"	"
				1/ Besançon .... 25 "		"	"
				1/ Villefranche ...... 25 Mars		"	"
				Escompte 1% pour prompt paiement .		"	"
				1 Groupe espèces adressé par chemin de fer		"	"
	14	5 000 "	" "	Zeriche & Cie banquiers de Lyon, espèces versées		"	"
				Ventes au Comptant provenant du détail		"	121
	14	" "	102 "	Zeriche & Cie banquiers de Lyon, Retour 1/ Mann 1/ Voiron		"	"
	12	103 "	" "	Menu de Voiron ..... Retour 102 retards		"	"
				Vente au Comptant .... Bérard de Vienne		"	500
		7 418 60	3 149 "	En Portefeuille 9 Effets 3 735.30	+	47 "	621
				En Caisse Espèces 4 768.60		72 25	
8 Janvier				Escompté Renaud jeune 2 Effets contre espèces .		"	"
				1/ Traite sur Colas de Marseille 10 Mars		"	"
				1/ " 1/ Faloy de Toulouse 11 "		"	"
				Espèces versées & Profits pour négociation		"	"
				A Reporter	+	"	"
				A Reporter		"	

	Traites et Remises		Echange Inscrite à la sortie de folio et le numéro de l'entrée, à l'entrée le folio et le n.º de la sortie Fº Nº	Caisse Espèces		Nature des Pertes	Pertes et Profits		Nature des Profits
	Entrées par balance	Sorties par balance		Entrées	Sorties		Frais généraux Escompte, rabais, perte, etc. timbre, poste, reçus ou achetés	Bénéfices Escompte, rabais agio, etc. timbre, poste envoyés ou vendus	
...ul Entrée			Cumul Sortie						
	2 000	"	"	1 000	"	372	25		"	"
1	"	"	"	"	"	18	50	Frais de bureau	18	50	"	"
2	"	"	"	"	"	1	75	Frais généraux	1	75	"	"
3	"	"	"	"	"	"	"		"	"	"	"
4	"	215	75	1	4	"	"	"	"	"	"	"
5	"	764	"	1	6	"	"	"	"	"	"	"
6	"	836	35	1	8	"	"	"	"	"	"	"
7	"	"	"	"	"	"	"	"	20	15	Escompte
8	"	"	"	"	179	35	"	"	"	"	
9	"	"	"	"	5 000	"	"	"	"	"	
10	"	"	"	121	50	"	"	"	"	"	
11	"	"	"	"	"	"	"	"	1	"	Agio
12	"	"	"	500	"	"	"	"	"	"	
13	"	"	"	"	"	"	"	"	"	"	
14	2 000	"	1 816	10	Cumul 3	1 621	50	5 871	85		20	25	21	15
15		6	5								
16										
17				"	"	"	"	"	"	
18	640	"	7 3	"	"	"	"	"	"	
19	524	25		"	"	1 131	75	"	"	12	50	Négociant
20	"	"		"	"	"	"	"	"		
21	1 164	25	"	"	Cumul 3	"	"	1 131	75	"	"	12	55
	Par balance 2	" Par balance						

Doit	Avoir	Raisonnements des opérations	Entrées	Sorties		Traites & Remises		Caisse Espèces		Nature des Sorties	Sorties & Profits	Nature des Profits
		Rapport				Entrées par balance	Sorties par balance	Entrées	Sorties			

Sommes à reporter au Grand Livre		Raisonnements des opérations	Montant de Marchandises Marchandises hors générale		Traites à Remises		Caisse, Espèces		Nature des Pertes	Pertes et Profits		Nature des Profits
Doit	Avoir		Entrées	Sorties	Entrées	Sorties	Entrées	Sorties				

Année 18.		Sommes à reporter au grand livre		Raisonnements des opérations	Entrée de Marchandises approvisionnements et ventes au comptant	
		Doit	Avoir		Entrée	Ventes
Février	7		1 870	Reportés / Reportés / Delgrange Abraham / Abel		
	6		1 000 90			6
	6		18 32	Abel Me Maison		

Nous répétons ci-dessous d'après un autre tracé deux opérations de notre Méthode pages 52 et 53 elles diffèrent en ce qui touche les traites et remises et les valeurs diverses.

Échéance		Traites & Remises			Échéance	Caisse, Espèces		Pertes & Profits		
		Entrées par balance		Sorties par balance		Entrées	Sorties			
			16				30			
			17						19 95	Escompte
		1 818 50	19							
			20				100			Sorties
			11						7 60	
			21							

Ce changement a surtout pour but d'isoler autrement que par des additions superposées les valeurs diverses du Compte Pertes et Profits.

Du Répertoire.

Comme tous les répertoires celui-ci est composé de vingt cinq touches portant chacune une lettre de l'alphabet. Le classement des noms par voyelles en fait l'unique différence. En divisant chaque lettre de l'alphabet en six parties, c'est-à-dire par voyelles on obtient dans la recherche des noms et des folios une notable économie sur le temps, et il suffit pour obtenir ce résultat de commencer l'inscription du nom dans la colonne correspondante à sa première voyelle.

Lorsque le nom **commence par une voyelle**, prenons pour exemple Albert, on écrit dans la colonne où se trouve la voyelle i, car, si on procédait autrement on ne chargerait à la lettre A que la voyelle A, de sorte que le but économique disparaîtrait.

Nota. Avant d'ouvrir un compte au Grand-Livre, il convient d'inscrire au répertoire le nom du client, sa résidence et ensuite le folio où l'ouverture de son compte a été faite ou se fera au Grand-Livre.

Répertoire
du
Grand Livre.

	Première voyelle du Nom A	Folios du Grand Livre	Première voyelle du Nom E	Folios du Grand Livre	Première voyelle du Nom J	Folios du Grand Livre
A N			Abel	6	Alliot	3
V N			Rue de la Barre 7 Mâcon		Rue S.ᵗ Pierre 13 Besançon	
V N			Acceptations	18		
B N	Barbier	5			Billets à Payer	18
V N	Châlon s/s					
V N	Bardin fr=ᵉ	19				
V N	Marseille					
V						
N						

Noms de villes	Première voyelle du Nom Y	Folios du Grand-Livre	Première voyelle du Nom O	Folios du Grand-Livre	Première voyelle du Nom U	Folios du Grand-Livre
N					Ougu & Cie Rue St Féréol Marseille	16
N						
N						
N						
N			Bompard rue Impériale 21 Lyon	4	Buisson Frer Gray, Hte Saône	10
N			Borel-Réal Lyon	13		
N			Boyer fils Nantes	14		
N						
N						

Du Grand-Livre.

Les titres placés en tête de ce registre feront comprendre promptement ce que chaque colonne doit contenir.

On écrit dans l'espace laissé en blanc, le nom, la profession et la demeure du correspondant dont on suivie le compte.

La première colonne reçoit l'année, le quantième et le mois.

Les trois colonnes qui suivent sont affectées aux folios ; dans la première on écrit les folios du Journal des Débiteurs, dans la deuxième on indique les folios du Journal des Fournisseurs, dans troisième on inscrit les folios du Journal des règlements.

Deux lignes au crayon sont tracées à gauche du texte. On commence l'explication sur la première lorsque l'article provient du Doit, et si l'article a rapport à l'Avoir on commence l'explication sur la deuxième ligne.

Entre la colonne du Doit et celle de l'Avoir nous avons intercallé une autre colonne destinée à recevoir l'excédant du Doit à l'Avoir et réciproquement.

A gauche de la colonne Doit et à droite de la colonne Avoir sont disposées deux petites colonnes dans lesquelles on place des lettres par ordre alphabétique au fur et à mesure qu'un paiement ou une recette vient éteindre une somme à payer ou à recevoir.

Sous aucun prétexte, il ne faudrait ouvrir un compte sur ce registre sans avoir au préalable inscrit au répertoire le nom du client, sa demeure et le folio choisi à l'avance, autrement on risquerait d'ouvrir plusieurs comptes à un seul et même correspondant.

A l'exception des Billets à payer et des Acceptations de traites, qui sont considérés comme des Créanciers ordinaires(*) tous les comptes généraux sont exclus de ce registre dans le but de centraliser les erreurs, et d'éviter par cette mesure la compensation d'une faute commise à un des comptes particuliers. Citons un exemple : Au lieu de porter au Doit de X.... qui reçoit, supposons qu'on a passé par distraction à son Avoir une somme de 500f. Cela peut arriver. Eh bien, si les comptes particuliers n'étaient pas isolés des comptes généraux on pourrait sanctionner cette erreur en retenant un de plus aux centimes dans l'addition des Sorties ; car ce compte trop abandonné à lui-même dans les anciennes méthodes resterait muet, et accepterait sans protester une faute dont le préjudice serait de 1000 francs.

En suivant à la lettre le tableau ci-joint indiquant la manière de reporter les écritures, on évitera un danger qui consiste à réclamer à X..... ce que Z.... a reçu. Cet inconvénient mérite d'être signalé puisque sans parler d'un client pointilleux, le plus accommodant serait en droit de nous accuser de manque d'ordre, si on lui réclamait le montant d'une vente facturée à un autre client.

(*) lors de l'acceptation, et Débiteurs lorsqu'on en effectue le paiement,

Année	Folios des Journaux			Clément de Mâçon		Doit	Colonne des Excédants	Avoir	
	Ordinaire	Secondaire		Raisonnements relatifs au Doit. Raisonnements relatifs à l'Avoir.					
31 décembre			"	Extrait f.° 1 à nouveau	a	617			
" Janvier	1	"	2	pour retour de M.ᵉ	b	348 75		47	a
8 "	"	"	3	Ma facture				570	a
28 "	"	"	6	Traite sur lui ___ 28 Février				243 75	b
25 Février	5	"	"	Escompte 1% de Vente ___ 5 Mars					
				Ma facture		3903 40	3903 40		
				Duval de Metz					
31 décembre			"	Extrait f.° 1 à nouveau	a	1251 25			
" Janvier	1	"	1	reçu en un billet de banque				1000	a
8 "	"	"	3	Ma facture		1021 15		251 25	a
8 "				Traite sur lui ___ 28 Février					
2 Février	4	"	"	Ma Vente		1340	2561 15		

Didier de Nantua.

Année 18	Folios des Journaux			Raisonnements relatifs au Doit. / Raisonnements relatifs à l'Avoir.		Doit.	Colonne des Excédents	Avoir.	
31 décembre		1		Extrait f.° 1 à nouveau		976			
31 janvier		1		Ma facture		338			
12 "			4	Son règlement			338	976	

David de Villefranche.

Année 18	Folios des Journaux			Raisonnements relatifs au Doit. / Raisonnements relatifs à l'Avoir.		Doit.	Colonne des Excédents	Avoir.	
31 décembre				Extrait folio 1 à nouveau	a	1951 80			
12 janvier	2			Ma facture		1369 20			
25 "			6	1 ⌀ Orange livrée par Deshôtes		55			
1 février			7	1 ⌀ " " "		55			
1 "			7	Son Règlement soldé 31 décembre			1975 80	1951 80	a

Année 18//	Folios des Journaux			Collard de Troyes	Ordre	Doit	Colonne des Excédants	Avoir	Ordre
	D'ordres	Mensuel	Règlement	Raisonnements relatifs au Doit. Raisonnements relatifs à l'Avoir.					
31 décembre	"	"	"	A. Extrait f° 1 à nouveau	a	624	"	"	"
31 janvier	1	"	3	Ma facture	"	453	"	628	a
8 "	"	"	"	Son règlement	"	"	"	"	"
3 février	4	"	8	Ma Vente	"	1490	1490	453	b
				Traite sur lui _____ 20 Mars					
				Alliot de Besançon					
31 décembre	"	"	"	Extrait f° 1 à nouveau		900	"	200	"
20 janvier	"	"	4	Une montre fournie à Renard voyageur		"	solde	900	"
28 février	"	"	12	Par compte en Litige f° 13					

F.4

Année 18	Folios des Journaux			Bompard de Lyon. Raisonnements relatifs au Doit. Raisonnements relatifs à l'Avoir.		Doit	Colonne des Excédants	Avoir	
31 décembre	·	·	1	Extrait f.º 1 à nouveau	a	2450			a
4 janvier	·	·	1	Des remises en compte				2000	
8 "	1	"	3	Ma facture		379 50			a
25 "	·	·	6	Espèces soldé au 31 décembre				250	
1 février	·	"	7	Retour de 2 caisses oranges				104	a
25 "	·	"	11	15 h. Eau de vie à 175 ͤ		2625	2900.50		
				Malnoté de Reims					
31 décembre	·	·	10	Extrait f.º 1 à nouveau	cₒ	225 90	Soldé		
20 février	·	·	10	Par concordat à 50 %				225 90	a

Fº 5

Année 18	Folios des Journaux			Barbier de Chalon-sur-Saône.		Doit	Colonne des Excédants	Avoir	
				Raisonnements relatifs au Doit / Raisonnements relatifs à l'Avoir	a a				
31 décembre				Extrait fº 1 à nouveau		1817 75	» »		a
31 janvier	1		3	Ma facture		76	» »	68	a
4	2		4	Ma facture / 1 baril pétrole livré par lui à Bolzenge		2738 75	» »	500	a
20				Sa remise Sup. à Renard voyageur			Dº » » 2738.75	a a
20			5	Écart sur lui 31 janvier				924	a
20									
				Desfossés de Villefranche	a	1082 75	» » »	1082 75	a
12 janvier	2		6	Ma facture	b		» » »		b
20				Son règlement		55	» »	55	
25	6		7	Laissé pour compte chez lui			Dº » » 606.85		
1 février			8	Livré à David soy la vie pour compte		606 85			
5				Retour de la valeur payent					

F. 6

Année 18	Folios des courants			Abel de Mâcon.		Doit		Colonne des Excédants.	Avoir	
				Raisonnements relatifs au Doit. Raisonnements relatifs à l'Avoir.						
12 janvier	2	6	8	Ma facture	a	1003	90		1003	90 a
16 février	"	"	8	Son règlement suivant sa lettre		"	"	4	"	"
16 "	"	"	8	Excédant sur son règlement				32 95	32	95
				Caillet de Tournus.						
12 janvier	2	"	"	Ma facture		337	"		"	"
25 février	5	"	"	Ma facture		1790	80	2127 80		

F: 7

Année 18	Folios des Journaux			Delgrange de Chalon-sur-saône.		Doit.		Colonne des Excédants	Avoir.	
				Raisonnements relatifs au Doit. Raisonnements relatifs à l'Avoir.						
12 janvier		"	3	Baril pétrole livré par Barbier		68	"		"	"
20 "	2	"	"	Ma facture		3532	10		"	"
16 février	"	"	8.	Un cheval acheté pour mon compte		"	"	D 9140.10	1070	"
25 "	5	"	"	Ma facture		6610	"			
				Olivier de Dijon.						
20 janvier	4	"	"	Ma facture		5798	95	D	"	"
25 février	5	"	"	Ma facture		3300	"	9098.95		

Année 18	Folios des Journaux			Cuinet de Besançon.		Doit	Colonne des Excédants.	Avoir.	
				Raisonnements relatifs au Doit. Raisonnements relatifs à l'Avoir.					
25 janvier	3	"	"	Ma facture		1108 "	D " "	"	"
20 février	4	"	"	Ma facture		37. " "	1151. "		
				Dubosc de Besançon					
25 janvier	3	"	"	Ma facture		1391 50	2948 10	"	"
20 février	4	"	"	Ma facture		1556 60			

Christophe de Besançon.

Année 18	Folios des Journaux			Raisonnements relatifs au Doit. / Raisonnements relatifs à l'Avoir.		Doit.		Colonne des Excédants.		Avoir.
25 janvier	2	"	"	Ma facture		911	25	D " " "		" "
16 février	4	"	"	Ma facture		3636	75	4548 "		

Gaillard de Besançon.

25 janvier	3	"	"	Ma facture		10555	85	D " " "	14680 85	" "
20 février	5	"	"	Ma facture		4125	"			

Année 18	Folios des Journaux			Contal de Dôle.		Doit.		Colonne des Excédants	Avoir	
				Raisonnements relatifs au Doit. Rai onnements relatifs à l'Avoir						
1 février	3	"	"	Ma facture		9654	70		"	"
20 février	5	"	"	Ma facture		8754	50		"	"
20 "	"	"	5	1 faect. eau-de-vie à 175 f		700	"	19109.20	"	"
				Buisson frères de Gray.						
1 février	3	"	"	Ma facture		12750	"	6750 y		
25 "	"	"	11	Reçu en billets de banque					6000	"

Fo 11

Année 18	Folios des Souvenance			Perrin de Langres.		Doit	Colonne des Excédants	Avoir	
				Raisonnements relatifs au Doit. Raisonnements relatifs à l'Avoir.					
15 février	4	"	"	Ma facture _____		5382 80	5382 80		
				Mulot de Vesoul.					
15 février	4	"	"	Ma facture _____		5561 40	5561 40		

Année 18	Folios des Journaux			Comptes en Litige		Doit	Colonne des Excédants	Avoir	
				Raisonnements relatifs au Doit. Raisonnements relatifs à l'Avoir.					
28 février	''	''	12	Affaire Alliot de Besançon Envoi de pièces à Furet huissier		700 ''	700 ''		
1 janvier	''	''	2	Menu de Voiron Impayé 102f retard 1f		103 ''	'' ''	'' ''	

Année 18	Folios des Journaux			Compte à ½ avec Duval.		Doit	Colonne des Excédants	Avoir	
				Raisonnements relatifs au Doit Raisonnements relatifs à l'Avoir.					
20 janvier	"	"	5	Achat à Colin j Cie 40 h : col : eau-de-vie à 150ᶠ		6000		"	
20 février	"	"	9	Vendu à Salcomet de Mâcon 20ᵗ à 160ᶠ		"		3200	
20 "	"	"	9	Noté du Courtier		10		"	
20 "	"	"	9	Vendu à Contal de Dole 4 à 175ᶠ		"		700	
25 "	"	"	11	par frais de Maison 1 tonct		"		475	
26 "	"	"	11	Vendu à Bompard 15 tonct		"		2625	
26 "	"	"	11	Chargement et Camionnage à 15 futs livrés à Bompard		10		"	
26 "	"	"	11	Ma location d'un cellier		15			
26 "	"	"	11	pour balance de compte		665	Solde		
				Borel-Réal de Lyon.					
7 février	"	2	"	Sa facture		"	6000	6000	

Année 18	Folios des Journaux			Leriche & Cie banquiers à Lyon.		Doit	Colonne des Excédants.	Avoir	
				Raisonnements relatifs au Doit. Raisonnements relatifs à l'Avoir.					
31 Janvier	"	"	2 2	Mon versement en espèces		5000 "		" "	
20 "	"	"	5	Retour sur Meun de Voiron				102 "	
1 Février	"	"	7	Moy Bordereau 1er détail		1654 85		" "	
1 "	"	"	7 8	Mon — id — id		1290 "		4000 "	
7 "	"	"	9	Reçu espèce d				606 65	
16 "	"	"	11	Impayé S/ Lyon				" "	
25 "	"	"	12	Mon versement espèces		5000 "		5000 "	
28 "	"	"	12	Reçu espèces				" 83	
28 "	"	"	12	par change		29 95	D 3465 23	" "	
				Intérêts en ma faveur					
				Boyer fils de Nantes				1978 30	
31 Janvier	"	1	"	Sa facture du 18 Xbre payable 15 Janvier		"			
12 "	"	1	4	Mon règlement		978 30	S. Bce		

F° 15 Compte courant d'après la méthode ascendante à époques primordiales.

Folios	Année 18	Sommes			Leriche & Cie, Banquiers; Compte courant Commencé le 1er Janvier, Arrêté au 28 Février.	Echéances des Valeurs		Jours	Intérêts	
		Doit	Différences	Avoir					Débits	Crédits
2	1 Janvier	5000		"	Espèces versées en dépôt	1	janvier	époque	"	0 12
2				102	Retour d'un Mémo de Poirey échu au	28	décembre	3	"	1 21
5	20	370		"	Sur Mâcon	28	9bre	55	"	5 21
		243 25		"	Sur Metz	28	février	55	"	2 30
		333 30		"	Sur Charcollet	10	mars	65	"	3 60
		500		"	Sur Tarare	20	"	75	"	6 25
7	1 Février	600		"	Sur Lyon	15	février	32	"	3 20
		640		"	Sur Marseille	10	mars	65	"	6 93
		250		"	Sur Mâcon	25	mars	80	"	3 33
8	7			2000	Espèces reçues	1	février	28	18 66	"
9	16	5000		606 68	Retour sur Fagnal Lyon protesté	8	février	32	3 23	"
11	25			5000	Espèces versées	16	février	313	"	25 83
					Espèces reçues	25	février	52	23 33	"
		13144 85	D 3436.20	9708 68	Totaux des Sommes					
12		"		" 33	Différence des Sommes x p. a 55 jours	28	février	55	31 50	
					1/11 % Change sur Charcollet					
12					Totaux des Intérêts				96 52	66 13
		29 95			Intérêts sur la différence des Nombres . Intérêts					29 90
		13174 80	D 3466.32	9709 48					96 32	96 72
1 Mars	8465 32			Débiteur . Nouveau	1	mars	époque		

Renard, Voyageur, Son Compte personnel.

Année 186	Folios des Journaux			Raisonnements relatifs au Doit / Raisonnements relatifs à l'Avoir		Doit		Colonne des Excédants	Avoir		
20 Janvier	"	"	4	Une montre fournie par Collot de Besançon		200	"		150	"	
28 "	"	"	6	Ses appointements C.t Janvier		"	"		150	"	
28 Février	"	"	12	Epices consommées		132	"		150	"	
28 "	"	"	12	Ses appointements C.t Février		"	"		150	"	
28 "	"	"	12	Com.on sur ses Ventes		"	"	218 "	250	"	
				Augu & Cie de Marseille.							
31 décembre	"	"	6	Extrait N.o 1 à nouveau	a	"	"		2015	60	a
H Janvier	"	2	2	Mon règlement	a	2015	60		4586	40	b
25 "	"	2	"	Leur facture		"	"		6172	80	
15 février	"	"	9	Leur facture		"	"				
20 "	"	"		Mon règlement	b	4586	40	6172 80			

Année 18	Folios des Journaux			Raisonnements relatifs au Doit A / Raisonnements relatifs à l'Avoir		Doit.	Colonne des Excédants	Avoir.	
	Débiteurs	Sommaires	Généraux	**Dosson, père & fils de Paris.**					
31 décembre	"	"	"	Extrait f° 1 à nouveau	"	"		1560	a
31 janvier	"	1	"	leur facture	"	"		167 20	b
8 "	"	"	3	Mon règlement	a	1560 "	Soldé	"	a
1 février	"	"	5	facture papeterie	"	"		58	b
5 "	"	"	"	Mon règlement	b	225 20		"	
				Carlet, employé					
20 janvier	"	"	5	Ma rem. espèces en c⁄		60 "		"	"
28 "	"	"	6	id id id id		20 "		100	"
28 "	"	"	10	des appoint.ᵗˢ Courant Janvier				100	"
20 février	"	"	12	Ma remise espèces nouvelle		50 "		"	"
28 "	"	"		des appointements C° février			70	100	"

Billets à payer & Acceptations.

Année 18		Folios des Journaux			Raisonnements relatifs au Doit / Raisonnements relatifs à l'Avoir.		Doit		Colonne des Excédants		Avoir		
31	décembre	"	"	"	Extrait f.° 1. o/ Zimmer _____ 15 Janvier	"	"	"			1000	"	a
31	décembre	"	"	"	Extrait f.° 1. o/ Borel-Réal _____ 5 Mars	"	"	"			1000	"	
8	janvier	"	"	3.	m/ B.° o/ Bosson père & fils à vue _____	"	"	"			209	30	b
12	"	"	"	4	m/ acceptation o/ Bardin frères 20 février _____	"	"	"			621	85	c
15	"	"	"	4	Acquit du billet o/ Zimmer _____ a	1000	"					"	
20	"	"	"	5	m/ accep.° o/ Collin, & C.ie _____ 25 février	"	"	"			6300	"	
28	"	"	"	6	Acquit du billet o/ Bosson & fils _____ b	209	30					"	
7	février	"	"	8	m/ B.° o/ Bosson père & fils à vue _____	"	"	"			34	20	
20	"	"	"	9	Acquit de mon acceptation Bardin frères _____ c	621	85					"	
20	"	"	"	9	Mon B.° o/ Anger & C.ie à vue _____	"	"	"			2067	90	e
25	"	"	"	11	Acquit de l'acceptation Collin & C.ie _____ d	6000	"					"	
28	"	"	"	12	Acquit de mon B.° o/ Anger & C.ie _____ e	2067	90	1034	20		"	
					Lebeau & C.ie de Paris.								
20	janvier	"	1	"	Leur facture payable à 30 jours 2 % _____						9018	25	
25	février	"	2	"	Achat pour mon compte, commission comprise _____			19018	25		10000	"	

Année 18	Folios des Journaux			Bardin frères & Cie de Marseille.		Doit.		Colonne des Excédants	Avoir.	
				Raisonnements relatifs au Doit — A / Raisonnements relatifs à l'Avoir — B	ABCDE					ABCDE
8 janvier	"	1	"	leur facture du 24 décembre _____	"				625 85	a
12 "	"	1	"	leur facture du 8 courant _____	"				4367 70	b
12 "	"	"	4	Mon acceptation _____ 20 février _____	a	625 85		Solde	" "	
1 février	"	"	7	Mon règlement _____	b	4367 70			" "	
				Renard son Compte de Voyage. _____						
8 janvier	"	"	"	à lui compté au départ _____		300 "			" "	
12 "	"	"	3	Déboursés par frais généraux _____					2 "	
20 "	"	"	4	Espèces touchées chez Barbier de Chalon Yonne _____		500 "		Solde	" "	
28 février	"	"	12	Règlement de son compte de voyage _____					798 "	

Journal Général.

Du Journal Général
D'après notre nouveau Système.

En consultant le tableau relatif aux reports du Grand-Livre ou Comptes-Courants, on se rendra facilement compte de l'importance de notre Journal, car contrairement à ce qui se passait en opérant par l'ancienne partie double, ce n'est plus le Journal qui sert à établir le Grand-Livre, mais bien celui-ci qui transmet au Journal les sommes au fur et à mesure qu'il les reçoit des livres auxiliaires.

Ce n'est pas sans motif que nous avons visé à l'exiguïté de ce registre. Portatif, on fera bien de l'isoler des autres livres puisqu'on pourra rétablir la comptabilité en cas d'incendie, ou de malveillance ; Étroit, parcequ'il serait gênant en grand format lorsqu'il participe aux reports du Grand-Livre.

Quant au tracé, il est conçu en vue de faciliter les recherches, et de circonscrire les erreurs. Nous sommes arrivés à ce but en distinguant les Débiteurs et Créditeurs par Marchandises, des Débiteurs et Créditeurs par Réglements ; ainsi, dès qu'on vient de libeller au Grand-Livre un article provenant d'un des livres auxiliaires, on reporte simplement la somme dans une des colonnes du Journal, aux débiteurs par Marchandises, s'il est question d'une vente, aux créditeurs par March.^{ses}, s'il s'agit d'un achat, et aux colonnes de Réglements, si l'article provient d'un paiement ou d'une recette.

Année 186	Journal Général			Folio			Par Marchandises		Par Reglements	
				D..	F..	R..	Débiteurs	Fournisseurs	Doit	Avoir
Janvier	Boyer fils	Nantes	sa facture — Reporto		1	"	"	1978 30	"	"
"	Bardin fr et Cie	Marseille	id	"	1	"	"	621 85	"	"
"	Dosson Père et fils	Paris	id	"	1	"	"	167 20	"	"
"	Didier	Nantes	ma facture	1	"	"	538 "	"	"	"
"	Collard	Troyes	id	1	"	"	461 "	"	"	"
"	Barbier	Chalon s/s	id	1	"	"	75 "	"	"	"
"	Duval	Metz	Reçu un billet de banque	"	"	1	"	"	"	1000
"	Bompard	Lyon	des remises en compte	"	"	1	"	"	"	2000
"	Renard escompte	Voyage	espèces en partant	"	"	1	"	"	300	"
"	Clément	Macon	retour de Mds	"	"	2	"	"	"	47
"	Augu et Cie	Marseille	mon reglement	"	"	2	"	"	2015 60	"
"	Leriche et Cie banquiers	Lyon	espèces versées en C/C	"	"	2	"	"	5000	"
"	Leriche et Cie banquiers	d°	retenu s/Macon	"	"	2	"	"	"	102
"	Menu	Poison	impayé et retard	"	"	2	"	"	103	"
"	Lettres de voitures	Boyer de Nantes	72 25	"	"	"	"	"	"	"
"	Ventes au C!	Gros et détail	621 80	"	"	"	"	"	"	"
							1062	2767 35	7318 60	3149
8	Pertes 20 25	Profits 21 15								
"	Duval	Metz	ma facture	1	"	"	1021 15	"	"	"
"	Clément	Macon	id	1	"	"	348 75	"	"	"
"	Bompard	Lyon	id	1	"	"	379 50	"	"	"
"	Collard	Troyes	s/Rglt solde 31 Xbre	"	"	3	"	"	"	621
"	Clément	Macon	M/échéts février 28	"	"	3	"	"	"	570
"	Duval	Metz	"	"	"	3	"	"	"	251 25
			A Reporter				1749 40	"	"	1775 25

Année 186_	Journal Général	Folios			Par Marchandises		Par Réglements	
		D?	F?	R?	Débiteurs	Fournisseurs	Doit.	Avoir.
								Reports
8 Janvier	Dossor Père et fils __ Paris __ M. Régl. Solde 3126 bns			3	1749 40		1560	1445 25
" "	Billet à payer __ Q Besson jne fils tr a __			3				209 90
" "	Escompte à __ Renard jne _ 2 effets contre espèces _ 116 H. 25			"				
" "	Lettre de Voiture payee __ " " " _ 10 . 05			"				
" "	Ventes au C? __ (Petite Caisse) _ 1253 . 40			"				
					1749 40		1560	1654 55
13 "	Pertes 12.50 __ Profits __ 43.70			"				
" "	Bardin frs et Cie __ Marseille __ leur facture __		1	"		2367 70		
" "	David __ Villefranche ma facture __	2		"	1369 20			
" "	Desfossés __ Villefranche it __	2		"	1082 75			
" "	Abel __ Mâcon it __	2		"	1003 90			
" "	Caillet __ Tournus it __	2		"	337 "			
" "	Barbier __ Chalon s/s __ une frs pistole livrée à Delgranges			3			68 "	68 "
" "	Delgranges __ it __ reçu de Barbier			3			"	2 "
" "	Renard à voyage __ Dépense soldée par sa lettre du 11 Courant			3			621 85	
" "	Bardin frs et Cie __ Marseille M. acceptation fav. 20			4			621 85	621 85
" "	Acceptation __ Q Bardin frs Marseille			4				
15 "	Boyer __ Nantes __ M. Réglement __			4			1978 30	
" "	Billets à payer __ Q Lemmer Acquitté __			4			7070 "	
" "	Didier __ Nantes __ S/ Réglement Solde 3? XXbre			4				976 "
" "	Ventes au C? __ (Petite Caisse) _ 433 '			"				
					3792 85	2367 70	3668 15	1665 85
	Pertes 2 __ Profits __ 28'.30							

Année 186	Journal Général		Folios			Par Marchandises		Par Règlement	
			Dr	Fr	8r	Débiteurs	Fournisseurs	Doit	Avoir
							Reports		
20 Janv.	Lebeau & Cie ___ Paris ___ leur facture du 12e	1				" "	9 018 25	" "	" "
" "	Barbier ___ Chalon s/s ___ Ma facture	2	2		2734 75		"	"
" "	Delgranges ___ id	2			3532 40		"	"
" "	Olivier ___ Dijon ___ id	2			5798 95		"	"
" "	Barbier ___ Chalon s/s Epices remises à Renard			4	"			500
" "	Barbier ___ " M/traite Janvier 31		3		"			924
" "	Renard Ce d'épicerie ___ " Epices reçues de Barbier			4	"		500	
" "	Renard Ce personnel ___ " Une montre reçue d'Olliot			4	"		200	
" "	Olliot ___ Besançon ___ id livrée à Renard			5	"			200
" "	Leriche & Cie ___ Lyon ___ M/ bordereau d'achats		3	5	"		1654 85	
" "	Carlet Employé ___ M/ versement espèces en Ce			5	"		60	
" "	Lettre de change acceptée ___ 164 "							
" "	Ventes au comptant ___ Petite Caisse ___ 740 "							
" "	Négocié à la banque de France ___ 1 Effet ___ 924 "							
" "	Compte à 1/2 avec Duval ___ achat de Qté d'eau de vie en 1860			5			6000	
" "	Billets à payer à Pellier & Cie Montpellier pour 25 Qols. de 110° d'eau de vie			5				6000
						12065 80	9018 25	8414 85	7624
"	Pertes 129.25 Profits						4586 40		
25	Augu & Cie ___ Marseille ___ leur facture	1			110 8			
"	Cuvet ___ Besançon ___ ma facture	2			4591 50			
"	Dubois ___ id ___ id	2			941 25			
"	Christophe fne ___ id ___ id	2						
		Et Reporter ___				6410 75	4586 40	"	"

Année 186		Journal-Général		Folios			Par Marchandises		Par Réglements	
			Reporté	Dr	Fns	Dre	Débiteurs	Fournisseurs	Doit	Avoir
15 Janvier	Gaillard	Besançon ma facture		8			6810 75	4586 40		
	Boupard	Lyon — arriéres-receus solde au 31 Xbre				6	10555 85			450
17	Desfossés	Villefranche son réglement				6				1082 75
	David	id — 1 ½ orange livrée par Desfossés				6			35	
	Desfossés	id — son laissé pour compte				6			55	
	Matériel, Comptoir et rayons	120				6				
9	Mobilier, secrétaire et lit	300				6				
	Matériel d'écurie - 1 Cheval	650				6				
20	Billets à payer ⅞ Cosson père et fils acquitté					6			209 10	
	Clément	Mâcon — Rabais 1½ s. Traité 5 Mars				6				848 75
	Carlet Employé	espèces versées				6			20	
31	Renard Voyageur	ses appartements C.t Janvier				6				150
	Carlet Employé					6				100
31	Lettre de voiture payée (Savons)	117								
	Ventes au comptant	1762 10								
							16966 60	4586 40	339 30	2131 50
1 Février	Pertes 1126.25 — Profits 16 50									
	Coutal	Dôle ma facture		3			4654 70			
	Buisson J.ne	Gray id		3	à		1750			
	Leiche	Lyon — mon bordereau 3 valeurs				7			1490	
	Cosson	Paris copie de lettres et bibliographes			7					54
	Desfossés	Villefranche s/p. compte remis à David			7					55
		À Reporter					22404 70		1490	109

Année 186	Journal Général.			Folios			Par Marchandises		Par Règlements	
							Débiteurs	Fournisseurs	Doit.	Avoir.
			Reports				22404	70	1490	109
1 Février	David	Villefranche pour C°. retour à Grenoble					"	"	1490	109
"	David	"	s/ Règlt soldé 31 Xbre		7	7	"	"	31	"
"	Leriche et C°.	Lyon	s/ achate s/ Marseille fev. 8		7	7	"	"	"	1951 80
"	Bardin frères et C°.	Marseille	mon réglement		7	7	"	"	4000	4000
"	Bompard	Lyon	retour de 3 caisses grandes		7	7	"	"	4367 70	"
"	Ventes au Comptant	verse Caisse	570.10				"	"	"	104
							22404	70	5908 70	6164 80
"	Pertes 60.10'	Profits 22.415								
7	Collard	Troyes	m/ facture	4	"	"	1490	"	"	"
"	Duval	Metz	id	5	"	"	1340	"	"	"
"	Borel Réal	Lyon	s/ facture		2	"	"	4000	"	"
"	Collard	Troyes	m/ Traite 10 Mars		"	8	"	"	"	451
"	Leriche et C°.	Lyon	Retour s/ Journal et Profits		"	8	"	"	"	606 65
"	Desfossés	Villefranche Impayé s/ Paymal		"	8	"	"	605 25	"
"	Ventes au Comptant	(petite Caisse)	680'		"	8	"	"	"	"
"	Dosson père et fils	Paris	m/ Réglement		"	8	"	"	221 20	"
"	Billets à payer	s/ Dosson père et fils	à vue		"	8	"	"	"	34 20
							2830	"	4000	"	328 05	1091 85
	Pertes 5.85	Profits 0.20					2830	"	4000	"	328 05	1091 85

Suite au f° 6

Année 186_	Journal Général		Folios			Par Marchandises		Par Réglements	
			6me	5ue	9re	Débiteurs	Fournisseurs	Doit	Avoir
		Reports	"	"	"	"	"	"	"
15 Février	Augu & Cie	Marseille _ leur facture savons _	2	"	"	"	6 172 80	"	"
"	Perrin	Tangres _ m/ facture _	3	"	"	5 132 80	"	"	"
"	Moulot	Vesoul _ id _	4	"	"	3 616 75	"	"	"
16	Delgranges _ Châlon s/s pr achat d'un cheval _		"	"	8	"	"	"	1070 .
"	Valeurs diverses _ achat d'un cheval... 1100᷑		"	1	8	"	"	"	1 003 90
"	Abel	Mâcon _ s/ réglemt suiv sa lettre du 14 C	"	"	8	"	"	"	1 003 90
"	Abel _ id _ excédant de s/ réglement _		"	"	8	"	"	"	32 95
"	Leriche & Cie _ Lyon _ m/ versemt espèces en c/ C		"	"	9	"	"	5 000 .	"
"	Valeurs diverses _ _ 3 oblig. g: Cent _ 936 .		"	"	9	"	"	"	"
"	Valeurs diverses _ " _ vente d'une voiture . 800᷑		"	"	9	"	"	"	"
"	Ventes au Comptant (Petite Caisse) _ 1875 .		"	"	"	"	"	"	"
"	Achats au Comptant, 60 caisses p/emballage à 1.50 _ 90 .		"	"	"	"	"	"	"
						9 469 55	6 172 80	5 000 .	2 106 85
	Pertes 19. 95 _ Profits 7. 60 _								

Année 186		Journal Général.		Folios			Par Marchandises.				Par Réglements			
				Dr	f°	R°	Débiteurs		Fournisseurs		Doit		Avoir	
20	Février	Dubosc	Besançon — ma facture	H	"	"	4556	60	"	"	"	"	"	"
	"	Crinet	id — id	H	"	"	3750	"	"	"	"	"	"	"
	"	Gaillard	id — id	H	"	"	4125	"	"	"	"	"	"	"
	"	Contal	Dôle — id	H	"	"	4754	50	"	"	"	"	"	"
	"	Compte à ½ avec Duval	vente à Valcour 20° eau de vie à 160°	"	"	9	"	"	"	"	"	"	3200	"
	"	Compte à ½ avec Duval	Note du Tonnelier acquittée	"	"	9	"	"	"	"	10	"	"	"
	"	Billets à payer	Acquit de mon acceptation P Bardin frères	"	"	9	"	"	"	"	621	25	"	"
	"	Augu & Cie	Marseille mon Réglement	"	"	9	"	"	"	"	4586	40	"	"
	"	Billets à payer	à Augu & Cie Marseille à vue	"	"	9	"	"	"	"	"	"	2067	90
	"	Contal	Dôle 4 H eau de vie à 175	"	"	9	"	"	"	"	500	"	"	"
	"	Compte à ½ avec Duval	Vendu à Contal H° eau de vie à 175	"	"	9	"	"	"	"	"	"	701	"
	"	Carlet employé	... versement, espèces en compte	"	"	10	"	"	"	"	50	"	"	"
	"	Malnoie	Reims p.r concordat consenti à 30%	"	"	10	"	"	"	"	"	"	325	90
	"	Valeurs diverses	Vente d'une vigne ... 3000	"	"	10	"	"	"	"	"	"	"	"
	"	id	Retrait Prêté à X ... intérêts ... 3000	"	"	10	"	"	"	"	"	"	"	"
	"	Vente au Comptant	Petite Caisse	"	"	11	"	"	2718	80	"	"	"	"
	"	Lettres de voiture payées, à 60° savoir	144 "											
							21186	40			5968	25	6293	60
		Pertes 1362.85 Profits 24												
25	4	Lebeau & Cie	Paris leur facture	H	2	"	"	"	10000	"	"	"	"	"
	4	Olivier	Dijon ma facture	H	"	"	3300	"	"	"	"	"	"	"
	4	Delgranges	Chalon ½° id	H	"	"	6610	"	"	"	"	"	"	"
			à Reporter				9910	"	10000	"	"	"	"	"

Année 186		Journal Général		Folios			Par Marchandises		Par Règlements	
				D.re	F.re	R.te	Débiteurs	Fournisseurs	Doit	Avoir
			Reports							
25 Février	Caillet	Couvreux	ma facture	H	"	"	9410	"	10000	"	"	"
"	"	Clément	Mâcon	id	H	"	"	1790	80	"	"	"	"
"	"	Compte à ½ avec Duval		1.er eau de vie p.t sur maison	5003	40	"	"	"	"	175
"	"	Bompard	Lyon	15.b à 175	"	"	11	"	"	2625	"
"	"	Compte à ½ avec Duval	livré à Bompard 15.b eau de vie	"	"	11	"	"	"	2625
"	"	Compte à ½ avec Duval	Charg.t & Camion à 15 fois	"	"	11	"	"	10	"
"	"	Leriche & C.e	Lyon	après reçu en C.te St	"	"	11	"	"	"	5000
"	"	Billets à payer	Lecquit de ma bill. C.r Ming & C.e	"	"	11	"	"	6000	"
"	"	Compte à ½ avec Duval	Location d'un cellier	"	"	11	"	"	15	"
"	"	Buisson frères	Gray	leur envoi 6 Bons de banque	"	"	11	"	"	"	6000
"	"	Compte à ½ avec Duval	mon balance de compte	"	"	11	"	"	665	"
"	"	Valeurs diverses		Reçu de X Paimt 3000.t	"	"	11	"	"	"	"
"	"	Ventes au C.te (Petite Caisse)	802."	"	"	"	"	"	"	"
							18604	20	10000	"	9315	13800
		Pertes 675.t Profits 515									
28	"	Renard voyageur	"	p.r solde de s.n compte de voyage	"	"	12	"	"	"	798
"	"	Renard s/c personnel	"	espèces confiées en voyage	"	"	12	"	"	132	"
"	"	Renard	"	s/appt. courant fermé	"	"	12	"	"	"	150
"	"	Carlet employé	id	"	"	12	"	"	"	100
"	"	Leriche & C.e	Lyon	pour change	"	"	12	"	"	"	0	83
"	"	Leriche & C.e	"	p.t intérêts sur ma faveur	"	"	12	"	"	89	95	"
"	"	Alliot	Besançon	p.r le débit compte enlisé	"	"	12	"	"	700	"
"	"	Comptes enlisés	"	f.re Alliot de Besançon	"	"	12	"	"	"	700
"	"	Billets à payer	"	C.r Anque & P.re Marseille acqté	"	"	12	"	"	2061	92	"
"	"	Renard s/c personnel	"	pour s/c des places vides	"	"	12	"	"	"	250
"	"	Ventes au comptant (Petite Caisse)	1200.80	"	"	"	"	"	"	"
							"	"	"	"	2929	85	1998	83
		Pertes 2156.33 Profits 141.95									

Controleur

du

Grand Livre.

Contrôleur du Grand-Livre
Supprimant le Journal Général

Lorsque les écritures premières sont tenues avec soin, il en résulte un Journal en trois volumes, savoir :

    Celui des fournisseurs   (Achats)

    Celui des débiteurs   (Ventes)

    Celui des règlements   (Contenant tous les autres articles)

Au besoin la réglure ci-contre pourrait remplacer le Journal, si on ne tenait aucun compte des services que celui-ci rendrait en cas de sinistre ou de malveillance. Avec le Journal qui doit être isolé des autres livres, on pourrait, le cas échéant, reconstruire toute la Comptabilité ; tandis que le Contrôleur du Grand-Livre reste muet sur le passé puisqu'on néglige les noms des correspondants pour ne s'occuper que des sommes.

Nous relatons ci-contre nos premières opérations, celles du 1er au 4 Janvier et celles du 5 au 8 du même mois pour indiquer l'emploi de ce livre.

| Par Marchandises | | Dates des Arriéres | Par Réglements | |
Débiteurs	Fournisseurs	18	Doit	Avoir
538 "	1 978 30		300 "	1 000 "
451 "	621 85		2 015 60	2 000 "
75 "	167 20	Du 1er au 4 Janvier	5 000 "	47 "
" "	" "		103 "	102 "
1 064 "	2 767 35		7 418 60	3 149 "
1 021 15	" "		1 560 "	624 "
348 75	" "		" "	570 "
379 50	" "	Du 5 au 8 Janvier	" "	251 25
" "	" "		" "	209 30
1 749 40	" "		1 560 "	1 654 55

Du Livre des Balances
Facultatives.

Nous ne saurions trop insister sur la nécessité d'établir fréquemment la balance des écritures. On pré. aller, on pourrait en retarder l'exécution pendant une semaine; le mieux serait d'en faire une par journée, car il y a des erreurs qu'il est bon de signaler le lendemain du jour où elles ont été commises.

Ces balances réclamant peu de travail, ce serait ne pas jouir de tous les avantages de notre système, si on en ajournait l'exécution.

Pour établir une balance on procède ainsi :

1° On relève du Journal général les débiteurs et créditeurs par Marchandises, puis afin de ne pas faire fausse route, on vérifie si le total du débit est d'accord avec le livre de vente intitulé Débiteurs. Il faut aussi s'assurer si la somme trouvée au Journal général concorde avec le livre d'achats intitulé Fournisseurs.

2° On relève aussi du Journal général le Doit et l'Avoir par règlements, puis avant de les poser sur la balance, il est urgent de préciser l'exactitude de ces sommes en les comparant avec celles du livre des Règlements.

3° Les Retours de Marchandises se relèvent du livre des Règlements. Si ces retours étaient fréquents, on les inscrirait sur un livre spécial (Voir modèle page 129)

4° Les Marchandises entrées se relèvent du livre des Fournisseurs auxquelles on ajoute les Marchandises achetées au comptant trouvées au livre de Règlements; tandis que les Marchandises sorties sont données par le livre de Ventes-Débiteurs, augmentées des ventes au comptant relatées au livre de Règlements.

5° Les Traites et Remises, les Espèces, les Pertes et Profits et les Valeurs diverses sont fournies par le livre de Règlts.

Nota. À peine ébauchée, cette balance nous donne déjà de beaux résultats. Les sommes posées contrôlent le Gd Livre, puisque c'est par lui qu'on établit le Journal, tandis que par celui-ci on établit la vérification des livres Débiteurs et Fournisseurs. De sorte que, s'il y avait une erreur à la clôture de la balance, on ne la chercherait qu'aux colonnes des Comptes généraux.

Comptes particuliers et généraux		Désignation des Comptes Année 186		Comptes particuliers et généraux	
Doit et Entrée	Avoir et Sortie			Doit et Entrée	Avoir et Sortie
1 064 "	2 267 35	Doit et Avoir par Marchandises......		3 792 85	4 367 70
7 418 60	3 749 "	Doit et Avoir par Règlements		3 668 15	1 667 85
8 482 60	5 916 35	Additions		7 461 "	6 035 55
47 "		Marchandises Retournées		75 "	
2 839 60	1 686 50	Marchandises Générales.....		4 387 70	4 203 85
2 000 "	1 816 10	Traites et Remises.....		760 "	800 "
1 621 50	5 571 85	Caisse, Espèces.....		611 "	2 150 "
20 25	21 15	Pertes et Profits		2 "	28 50
" "	" "	Valeurs Diverses		" "	" "
15 010 95	13 010 95	Du 1er au 4 Janvier	Du 9 au 15 Janvier	13 217 70	13 217 70
1 749 40	" "	Doit et Avoir par Marchandises....		12 065 80	9 018 25
1 580 "	1 654 55	Doit et Avoir par Règlements.....		8 414 85	7 624 "
3 309 40	1 654 55	Additions		20 480 55	15 642 25
" "	" "	Marchandises Retournées....		" "	" "
10 05	3 002 80	Marchandises Générales.....		9 182 25	12 505 80
2 499 50	1 319 50	Traites et Remises.....		984 "	2 378 85
1 353 40	1 170 30	Caisse, Espèces.....		1 662 30	377 55
18 50	43 70	Pertes et Profits		129 25	" "
" "	" "	Valeurs Diverses.....		" "	" "
7 190 85	7 190 85	Du 5 au 8 Janvier	Du 16 au 20 Janvier	32 378 45	32 378 45

Comptes particuliers et généraux				Désignation des Comptes Année 186		Comptes particuliers et généraux			
Doit et Entrée		Avoir et Sortie				Doit et Entrée		Avoir et Sortie	
16 966	60	4 588	40	Doit et Avoir par Marchandises		2 830	"	4 000	"
339	30	2 131	50	Doit et Avoir par Réglements		828	05	1 091	85
17 305	90	6 717	90	Additions		3 658	05	5 091	85
	"		"	Marchandises Retournées			"		"
4 703	40	13 428	70	Marchandises Générales		4 000	"	3 510	"
945	25		"	Traites et Remises		455	"	189	"
2 278	60	2 260	30	Caisse, Espèces		680	"	3	85
1 126	25	16	50	Pertes et Profits		5	85	0	20
1 070	"		"	Valeurs Diverses			"		"
27 429	40	27 429	40	Du 21 au 31 Janvier	Le 2 au 7 Févr et	8 704	90	8 794	90
22 404	70	6 154	30	Doit et Avoir par Marchandises		15 030	75	6 172	80
5 908	70	6 154	30	Doit et Avoir par Réglements		5 000	"	2 106	85
28 313	40	6 154	30	Additions		20 030	75	8 279	65
104	"		"	Marchandises Retournées		6	"		"
	"	22 279	80	Marchandises Générales		6 862	80	15 905	75
5 451	80	5 835	25	Traites et Remises		1 518	50		"
873	10	2	10	Caisse, Espèces		2 075	"	6 550	"
60	10	22	45	Pertes et Profits		19	95	260	60
	"		"	Valeurs Diverses		3 036	"	260	"
34 804	40	34 804	40	Du 1er Février	Du 8 au 16 Février	31 949	"	31 949	"

Comptes particuliers et généraux		Désignation des Comptes Année 186		Comptes particuliers et généraux	
Doit et Entrée	Avoir et Sortie			Doit et Entrée	Avoir et Sortie
21 186 10	" "	Doit et Avoir par Marchandises ...		" "	" "
3 968 25	6 293 60	Doit et Avoir par Réglements ...		2 939 85	1 998 83
27 154 35	6 293 60	Additions		2 939 85	1 998 83
" "	23 904 90	Marchandises Retournées ...		" "	1 200 80
6 362 85	2 518 50	Marchandises Générales ...		" "	" "
4 716 80	5 001 15	Traites et Remises ...		1 402 80	3 167 40
1 362 85	24 "	Caisse, Espèces ...		2 176 33	141 95
3 000 "	5 000 "	Pertes et Profits ... Valeurs Diverses ...			
42 742 85	42 742 8 "	Du 17 au 20 Février	Du 25 au 28 Février	6 508 98	6 508 98
15 604 20	10 000 "	Doit et Avoir par Marchandises ...			
9 315 "	13 800 "	Doit et Avoir par Réglements ...			
24 919 20	23 800 "	Additions			
10 000 "	16 406 20	Marchandises Retournées ... Marchandises Générales ...			
" "	" "	Traites et Remises ...			
14 952 "	6 825 "	Caisse, Espèces ...			
675 "	515 "	Pertes et Profits ...			
" "	3 000 "	Valeurs Diverses ...			
50 546 20	50 546 20	Du 21 au 25 Février			

Du Livre intitulé Comptes Généraux

Si on attend l'époque de l'inventaire pour monter les écritures d'après notre nouveau système, la première ligne de ce registre est destinée à recevoir cet inventaire. Mais, si on désire en faire l'application sans dresser l'inventaire, il suffira d'inscrire sur cette première ligne les soldes provenant de l'ancienne comptabilité. Cette deuxième manière de procéder est préférable puisqu'elle simplifie le travail d'un inventaire à venir.

Sur ce registre les comptes généraux sont limités au nombre de huit, savoir :

1° Les comptes particuliers, qui se composent des clients, fournisseurs, banquiers, employés, comptes de voyages, comptes de participation, bailleurs de fonds, billets à payer et acceptations de traites.

2° Le compte de Marchandises retournées.

3° — id — Marchandises générales.

4 — id — Traites et Remises.

5° — id — Caisse - Espèces.

6° — id — Pertes et Profits.

7° — id — Valeurs Diverses, qui comprend le matériel, l'outillage, les constructions, le mobilier, les titres et actions, tout enfin ce qui diminue le Capital commercial lorsqu'on achète, tout ce qui l'augmente quand on vend.

8° Une colonne unique est réservée au Capital.

Immédiatement après la colonne du Capital, nous avons disposé à la droite de ce registre deux colonnes précédées de la désignation des huit comptes ci-dessus. Elles servent à établir la vérification de fin de mois en prenant la différence de tous les comptes, et contrôlent l'existence en portefeuille et en espèces.

En procédant suivant les vieilles méthodes, les comptes particuliers et généraux, devaient établir à un moment donné une balance générale. Ici, nous procédons en sens inverse. Les comptes généraux ne sont plus que la conséquence des balances, qui, copiées sur ce registre au fur et à mesure qu'elles ont lieu, donnent des résultats incontestablement meilleurs. Prompts à établir, les comptes généraux ne nécessitent qu'un maximum de 15 groupes de chiffres placés aux différentes colonnes d'une même page; Exacts, ils naissent d'une balance: Utiles, constamment à jour, ils fournissent des renseignements qu'on demanderait en vain 19 fois sur 20 aux comptes généraux des anciens systèmes.

À la fin de chaque mois on tire un trait à l'encre sous toutes les sommes, puis on fait les additions. Nota. Les totaux devant se cumuler jusqu'à l'inventaire, il ne faut pas tirer un autre trait sous les additions.

Est-il besoin de faire remarquer que le compte de Mses dégagé des Retours de Mses sera intéressant à consulter? Si on retranche les retours de Mses des Mses vendues, et si on compare ce dernier chiffre à la somme des pertes réelles, on n'obtiendra certes pas une situation exacte qui ne peut être réglée que par l'inventaire; mais ce point de comparaison dira suffisamment à un Chef de Maison si son chiffre d'affaires peut supporter ses frais généraux.

Année 186	Comptes particuliers		Mⁿˢ Retournées		Marchandises Génér.ˡᵉˢ		Traites et Remises	
	Doits	Avoir	Entrées	Sorties	Entrées	Sorties	Entrées	Sorties
Inv.re au 31 D.re	10 512 75	5 175 60	" "	" "	85 650 "	" "	3 551 40	" "
B.ce du 1er au 4 J.er	8 482 60	5 916 35	47 "		2 839 60	1 685 50	2 000 "	1 816 10
" du 5 au 8 J.r	3 309 40	1 654 55	" "		10 05	3 002 80	2 499 50	1 319 50
" du 9 au 15 J.r	7 461 "	6 035 55	76 "		4 367 70	4 203 85	700 "	800 "
" du 16 au 20 J.r	20 480 65	16 648 25	" "		9 187 25	12 805 80	924 "	2 578 85
" du 21 au 31 J.r	17 305 90	6 717 90	" "		4 703 40	18 428 70	945 25	" "
Totaux de Janvier	67 553 30	42 542 20	123 "		106 753 "	40 126 65	10 620 15	6 514 45
B.ce du 1er Fév.r	28 313 40	6 164 80	104 "		" "	27 779 80	5 451 80	5 835 25
" du 2 au 7 J.r	3 658 05	5 091 85	" "		4 000 "	3 510 "	461 "	189 "
" du 8 au 15 J.r	20 030 75	8 279 65	6 "		6 362 80	16 905 75	1 518 50	" "
" du 17 au 20 J.r	27 154 35	6 293 60	" "		144 "	23 904 90	6 362 85	2 518 30
" du 21 au 23 J.r	24 919 20	23 800 "	" "		10 000 "	16 406 80	" "	" "
" du 24 au 28 J.r	3 829 85	1 998 83	" "		" "	1 800 80	" "	" "
Totaux de Février	174 357 90	94 170 93	233 "		127 159 80	124 834 10	24 204 30	15 057 20
Inv.re au 28 Fév	110 933 17	30 546 20	" "		14 808 "	" "	9 347 10	" "

Caisse — Espèces		Pertes et Profits		Valeurs diverses Matériel, Constructions, M.t, etc.		Capital	Désignation des Comptes	Vérifications de fin de Mois par différences	
Entrées	Sorties	Débits	Crédits	Débits	Crédits	D ou A		Doit, débits et entrées	Avoir, crédits et sorties
8 718 95	" "	" "	" "	55 723 65	17 101 70	141 479 45		4 932 15	" "
1 631 50	5 571 85	20 25	21 15	" "	" "			85 650 "
1 353 40	1 170 30	18 50	43 70	" "	" "			3 551 43
811 "	2 150 "	7 "	28 30	" "	" "			8 718 95
1 662 30	331 55	129 25	" "	" "	" "		Capital	38 681 95
2 278 60	2 366 30	1 126 25	16 50	1 020 "	" "		Vérif.t Janvier	141 479 45	141 479 45
								25 000 10
								123 "
16 245 75	11 510 "	1 296 25	109 65	56 793 65	17 101 70			66 676 35
875 10	8 10	60 10	22 45	" "	" "			4 105 70
680 "	3 85	5 85	20 "	" "	" "			4 753 25
2 075 "	6 556 "	19 95	7 60	2 036 "	200 "		Capital	39 691 95
4 718 80	5 001 85	1 362 85	24 "	3 000 "	3 000 "		Vérif.t Janvier	141 479 45	41 479 45
14 952 "	6 825 "	675 "	515 "	" "	3 000 "			80 386 97
1 402 80	3 167 40	2 176 33	141 95	" "	" "			233 "
								2 385 70
								9 347 40
								5 883 35
40 949 45	33 066 20	5 596 33	820 85	61 829 65	25 301 70		Capital	38 643 95
							Vérif.t Février	141 479 45	141 479 45
7 383 25	" "	" "	" "	54 515 75	18 157 65	148 853 42		141 479 45	141 479 45

Deuxième Inventaire.

Les opérations contenues dans ce cours pratique ont fourni tous les éléments nécessaires pour dresser un deuxième inventaire.

À ceux de nos lecteurs qui n'ont aucune notion pour régler un inventaire, nous dirons qu'il est urgent de réclamer aux banquiers et aux correspondants avec lesquels on est en comptes courants d'écrire, l'extrait de leurs comptes, afin d'en passer écriture régulière après vérification faite. Si la somme des intérêts doit être portée à l'Avoir du correspondant, il résulte une perte, si au contraire, cette somme se trouve au Doit du correspondant, elle se balance par Profits.

Il faut aussi, avant d'arrêter les écritures, passer à l'Avoir du compte de Prélèvements le montant des sommes allouées aux Chefs de Maison. Cette opération présente parfois une difficulté que nous nous permettrons de résoudre par deux exemples.

Étant admis que chacun des associés a droit à un prélèvement de 6000f par année, il faudra porter à l'Avoir de chaque compte de Prélèvements la somme de 1000 francs pour deux mois écoulés. Si les sommes touchées par à-compte égalent 1000f, le compte se balance naturellement. Supposons maintenant qu'on débite de l'un des associés on trouve 1150f, voici comment il faudra passer écriture.

Mettre à l'Avoir du compte de Prélèvements la somme de 1150f pour balance, ainsi répartie :

Aux Pertes pour prélèvements . . . . 1000f . .
Au Débit de son Compte Ct portant intérêt 150 . .

D'un autre côté, si on trouve sur le compte de Prélèvements du deuxième associé une somme de 900 francs .

seulement, nous passerons l'article de cette manière.

Mettre à l'Avoir du compte de Pertes 900ᶠ pour balance comme suit :

Aux Pertes pour prélèvements . . . . 1000ᶠ.
Et à l'Avoir de son compte Cᵗ d'intérêt . . . . 100ᶠ.

On crédite aussi les comptes d'Employés et de Voyageurs des appointements convenus. Ces comptes doivent se solder par Pertes, mais s'il existe un écart entre les appointements dûs aux employés et les sommes à eux comptées, ils restent Débiteurs ou Créanciers ordinaires, à moins de leur ouvrir comme aux Chefs de Maison un compte courant portant intérêts. Il est nécessaire en un mot d'apurer les comptes qui pourraient par leur nature fausser la situation de l'inventaire.

Toutes les écritures passées d'abord sur le livre des règlements, puis reportées aux comptes particuliers du Grand-Livre, on procède au relevé des débiteurs et créditeurs sur le livre d'Extrait, en ayant soin d'inscrire toutes les sommes du Doit dans colonne intitulée Débiteurs en masse, et en mettant en regard dans la colonne des sommes considérées perdues ce qui a rapport aux débiteurs insolvables ou douteux.

Nota. La différence qui existe entre les Débiteurs et les créditeurs doit être égale à la différence trouvée à la dernière vérification du livre intitulé Comptes Généraux; colonnes relatives aux Comptes Particuliers.

A moins d'ouvrir des comptes aux spécialités des marchandises par quantités et valeurs entrées et sorties, (ce qui est trop souvent impraticable) la Comptabilité reste muette en ce qui touche l'existence en magasin au moment de faire l'inventaire; il faut donc peser, compter, mesurer ou cuber toutes les marchandises, et le livre d'Entrée et de Sortie cité plus haut ne serait qu'un contrôle par spécialité des marchandises restant en magasin.

A part les marchandises avariées ou passées de mode on évalue communément les marchandises au prix de revient, mais dans le négoce de denrées ayant cours à la Bourse, il vaut mieux les estimer au prix d'un cours parfaitement établi.

Ci-dessous la manière de procéder clairement à l'Inventaire et à sa vérification.

1° Le fonds de Commerce acheté 10000^f, ayant pris une plus value entre nos mains nous l'avons inventorié ce jour à 11000^f à notre actif.

2° Inscrire à l'Actif le montant des débiteurs en masse, et au Passif l'escompte à faire aux débiteurs solvables, puis encore au Passif le chiffre des débiteurs douteux.

3° Poser à l'Actif le résultat des additions trouvées aux marchandises restant en magasin.

4° Mettre à l'Actif la somme brute des valeurs en portefeuille, et au Passif l'intérêt qui serait prélevé par un tiers, si on voulait convertir en espèces les valeurs restant en portefeuille.

5° Écrire à l'Actif la somme trouvée en Caisse.,

6° Compter les timbres-poste restant et placer à l'Actif le montant aussi minime qu'il soit. Ce compte de timbres-poste a pris depuis quelques années une importance relativement considérable. Par exagération c'est une valeur au porteur, une sorte de billets de banque puisqu'on le reçoit à l'oc casion et qu'on le donne par inconstance comme appoint en passant écriture régulière. Il ne faut pas négliger ce petit compte qui se chiffre en sommes rondes dans certaines maisons de Commerce.

7° Les timbres de mandats doivent être estimés au prix du timbre ; si on désire avoir un contrôle des traites fournies par la Maison, il faut mettre à l'Actif ce qui reste.

8° Comme nous l'avons déjà dit, le matériel s'apprécie sans avoir égard à l'estimation dernière , et la somme s'applique à l'Actif.

9° Chevaux et voitures .

10° Mobilier .　　　　　　　　　　On opère pour ces quatre comptes comme

11° Titres et actions .　　　　　　on l'a fait pour le Matériel .

12° Immeubles .

Les articles de l'Actif étant épuisés nous passons au Passif sans tirer de traits .

1° Mettre au Passif la somme due aux créanciers et à l'Actif l'escompte à retenir aux fournisseurs .

2° Inscrire au Passif les rentes à payer en les augmentant de l'intérêt de deux mois. Tirer deux traits, l'un sous l'Actif, l'autre sous le Passif et additionner l'une et l'autre colonne. Placer une ligne en dessous dans la colonne des résultats, la différence qui existe du Passif à l'Actif, puis encore une ligne en dessous le Capital ancien. La différence de ces sommes produira le bénéfice réalisé depuis le dernier inventaire .

Folios des Comptes généraux	Inventaire en date du 28 Février 186	Actif		Capital nouveau Capital ancien Résultats	Passif	
	Fonds de Commerce estimé	11 000	"	" "		
	Débiteurs en masse, déduction faite des douteux	110 933	17	" "	803	"
	Escompte à faire aux solvables			" "	1 100	"
	Marchandises inventoriées	14 808	"	" "		
	1° Effets, déduire les intérêts	9 347	10	" "	121	30
	Espèces en Caisse	7 883	25	" "	"	"
	Timbres poste		4	75	" "	"	"
	Timbres mandats		80	" "	"	"
	Matériel	4 070	"	" "	"	"
	Chevaux et voitures	3 000	"	" "	"	"
	Mobilier	3 200	"	" "	"	"
	Titres et actions	1 936	"	" "	"	"
	Immeubles	27 000	"	" "	"	"
	Créditeurs, escompte à retenir	295	"	" "	30 546	20
	Rente à payer, y compris l'intérêt de 2 mois 5 %		"	" "	16 133	35
	Actif et Passif	197 557	27		48 703	85
	Capital nouveau			148 853 42		
	Capital ancien			141 479 45		
	Résultat Bénéfice			7 373 97		

Nota – Voir ci-après la Vérification de cet inventaire.

Vérification de l'Inventaire

Pour établir la vérification de cet Inventaire on procède comme suit :

Ouvrir le livre intitulé Comptes Généraux et consulter les dernières sommes posées tant au débit qu'au crédit des comptes Retours de Marchandises, Marchandises Générales, Pertes Profits et Valeurs Diverses.

Ensuite prendre sur l'inventaire les marchandises restant en magasin; cette somme se place à l'Avoir. Puis faire la différence des articles qui sont en dehors du mouvement Commercial. Cette différence s'obtient en additionnant de l'Actif les sommes relatives au fonds de Commerce, timbres-poste, timbres-mandats, matériel, chevaux et voitures, mobilier, titres et actions, immeubles, plus l'escompte à retenir aux fournisseurs, ce qui fait un ensemble de 54585.75. Au Passif on additionne les sommes provenant des Débiteurs douteux, l'escompte à faire aux Débiteurs solvables, l'intérêt prélevé sur le portefeuille, plus les rentes à payer formant ensemble 18157.65. Cette différence qui est de 36428.10 se place de même que la marchandise restant à l'Avoir. On fait ensuite les deux additions et la différence doit être égale aux bénéfices réalisés.

Folios des Comptes Généraux	Inventaire en date du 28 Février 186	Actif		Capital nouveau Capital ancien Résultats		Passif	
	Vérification de l'Inventaire						
	Retours de Marchandises entrées et sorties	233	"	"	"	"	"
	Marchandises achetées et vendues	127159	80	"	"	124 834	10
	Pertes et Profits	5 596	33	"	"	820	85
	Valeurs diverses au Débit et au crédit	61 829	65	"	"	25 301	70
	Marchandises inventoriées	"	"	"	"	14 808	"
	Différence des articles qui sont en dehors du fond de roulement	"	"		"	36 428	10
	Totaux	194 818	78			202 192	75
	Différence			7 373	97		

Diviseurs fixes

Parties aliquotes

Comptes courants.

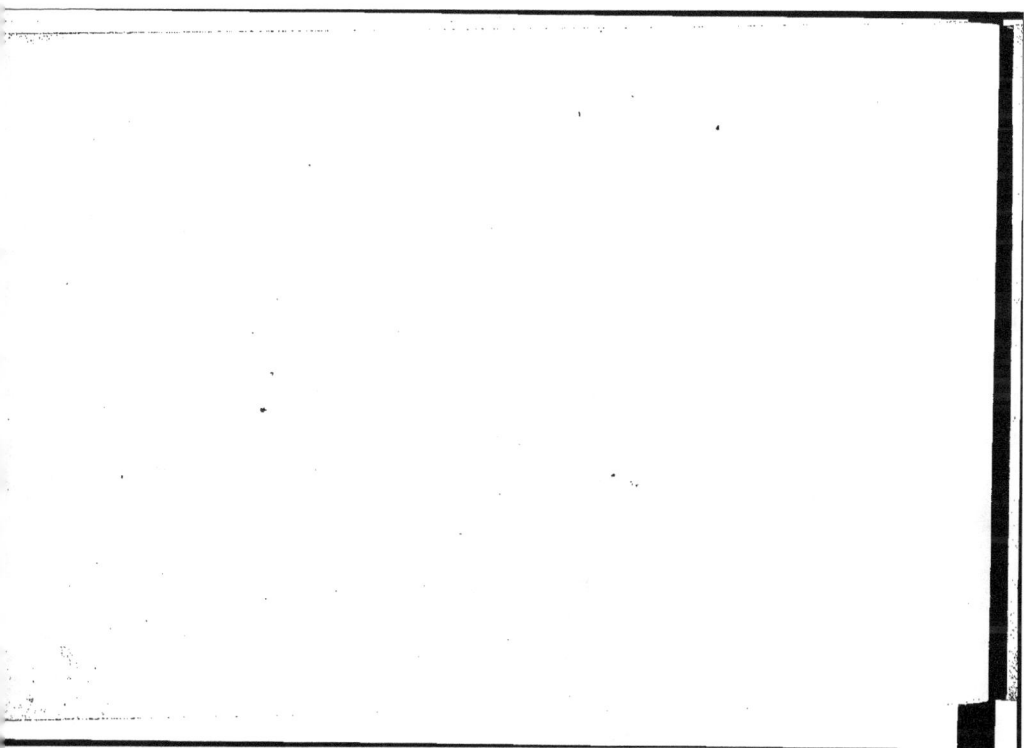

Diviseurs fixes et parties aliquotes

Pour obtenir l'intérêt d'une somme quelconque, à n'importe quel taux, pour une époque plus ou moins reculée, il n'est pas nécessaire d'avoir recours aux nombres; il suffit de mettre en pratique les Diviseurs fixes et à défaut de ceux ci employer les parties Aliquotes. On nomme ainsi des parties contenant exactement un certain nombre de fois dans un tout.

Par ce système, toutes les sommes dont on veut calculer les intérêts sont mises arbitrairement en rapport direct 1° avec 60 jours 2° avec le taux de 6%. Ces deux moyens combinés produisent un Diviseur parfaitement exact en raison des 360 jours dont se compose l'année commerciale. En effet, si le taux de 6% par année représente ½% par mois, 60 jours rapportent 1%. Or, la somme multipliée par un dénier le montant des intérêts pour une période déterminée. Nota. Dans la pratique on ne multiplie pas par un, on retranche simplement 2 chiffres à droite lorsqu'il y a des centimes, et seulement 2 chiffres quand la somme n'est composée que de francs; Ainsi une somme de 1840ᶠ placée pendant 60 jours produit un intérêt de 18ᶠ40.

Si les jours à calculer pendant ce diviseur exactement par 6, on obtient l'intérêt à 6% en multipliant la somme par le Diviseur, par 6 s'il s'agit de 36 jours, par 3 pour 18 jours, par 2 pour 12 jours, par 4 pour 24 jours, etc, etc.

Calculs par Nombres comparés aux calculs par Diviseurs

625 francs, 36 jours, 6 %.		420 francs, 18 jours, 5 %.		350 francs, 12 jours, 4 %.	
Par Nombres	Par le Diviseur	Par Nombres	Par le Diviseur	Par Nombres	Par le Diviseur
625	625	420	420	350	350
36	6	18	3	12	5
3750	3750	3360	1260	1700	1700
1875		420	à déduire 16	350	à déduire 17
22500		7560		10200	
Div. par temps plein 3750			1.050	420	
				350	

Ci dessous la proportion des Diviseurs fixes relativement aux nombres obtenus.

Taux	6 %	5 ½ %	5 %	4 ½ %	4 %	3 ½ %	3 %	2 ½ %	2 %
Diviser par	60 ou le 1/6	65.5	72	80	90	102.9	120	144	180

L'Intérêt de 60 jours à 6 % étant connu on emploie les sous multiples 1/12 1/6 1/5 1/4 1/3 1/2 soit pour réduire ou augmenter les nombres de jours soit pour modifier le taux de l'intérêt s'il y a lieu.

Ci dessous trois exemples

Intérêt à 6% . 32 jours F. — 12 80	Intérêt à 5% . 65 jours F 14 10	Intérêt à 4½ % 73 jours F. 15 23
	Pour 60 jours retrancher 2 chiff.	Pour 60 jours retrancher 2 chiff. ,
Pour 30 jours la moitié .. 6 40	Pour $\frac{5}{65}$. le 1/12 1 17	Pour 12 , le 5ème 3 046
Pour $\frac{2}{32}$ le 1/3 avancé à droite 42	Total à 6% 15.27	Pour $\frac{1}{73}$ le 6ème avancé à droite 254
6.82	Rétablir le taux en dimin. le 1/6 2 54	Total à 6% 18 530
	Total à 5% 12.73	Rétablir le taux en diminuant le 1/4 4 632
		13 898

Principes Généraux des C.ᵗˢ Courants.

Avant de donner des explications relatives aux différentes manières d'établir les Comptes Courants, nous croyons devoir relater ici les principes généraux de ces comptes.

Chaque Compte Courant représente un compte double. On inscrit au Doit ou à l'Avoir de son correspondant la somme versée ou reçue, ensuite on le débite ou on le crédite des intérêts de cette somme. L'important est de distinguer à première vue, la colonne à laquelle appartient ces intérêts. Pour arriver à ce résultat, il suffit d'envisager le nombre des jours sous deux points de vue.

1° Les jours à parcourir sont ceux qu'il faut calculer en descendant vers l'arrêté de compte ou vers l'époque parce qu'ils sont antérieurs ; ceux-ci multipliés par la somme produisent des intérêts en harmonie avec elle, c'est-à-dire, Directs.

2° Les jours écoulés sont ceux qui se calculent en remontant vers l'arrêté de compte ou vers l'époque parce qu'ils sont postérieurs ; ceux-là également multipliés par la somme fournissent des intérêts en désaccord avec elle, autrement dits inverses. (Voir la figure ci-contre)

Nos lecteurs qui n'auraient aucune notion des Comptes Courants feront bien de consulter le tableau page 123 avant de poursuivre cette lecture. Ils remarqueront à la 3ᵉ et à la 4ᵉ ligne deux sommes réalisables seulement en 28 Février, et dont les jours de parcours suivent les nombres font défaut. Cette lacune est facile à expliquer. L'arrêté du compte ayant lieu le 28 Février, il n'y a plus de jours à parcourir ; de là provient l'absence des jours et des nombres puisque l'échéance des valeurs concorde avec l'arrêté du compte. Maintenant, si nos lecteurs veulent bien consulter le tableau suivant page 125, ils se rendront facilement compte pourquoi le mot *Époque* prend ici le lieu et place des jours ; cela provient de ce qu'au moment de notre versement de 5000 espèces il ne s'est écoulé aucune journée, et la date du 4 Janvier n'est inscrite devant le mot *Époque* que pour préciser un point de départ vers lequel on fera descendre ou remonter tous les calculs de jours. Ceci compris poursuivons nos explications,

Deux colonnes destinées aux dates sont nécessaires. Dans la première on écrit la date du jour où l'opération a lieu, et cette date ne se reporte dans l'autre colonne que lorsqu'il s'agit d'une recette ou d'un versement en espèces. Dans la deuxième colonne on inscrit l'échéance des valeurs, de sorte que c'est cette dernière colonne des dates qu'il faut consulter pour obtenir la quantité de jours à parcourir ou écoulés depuis l'échéance des valeurs jusqu'à l'arrêté de compte.

Les jours obtenus, multipliés par la somme produisent des nombres dont la mission est d'amener chaque somme au niveau des intérêts.

Nous l'avons dit déjà, calculés en descendant, c'est-à-dire en suivant l'ordre naturel d'un calendrier, les jours produisent invariablement des intérêts directs, ce qui revient à dire que si notre correspondant est débité d'une somme il doit aussi être débité des intérêts, tandis que calculés en remontant de l'échéance d'une valeur vers l'arrêté de compte, les jours font naître des intérêts inverses appelés *Nombres rouges*. Or, si nous créditons notre correspondant d'une somme nous le débiterons des intérêts. En d'autres termes, toutes les valeurs dont les dates sont antérieures à l'arrêté de compte produisent des nombres Débiteurs si la somme provient du Doit ou des nombres Créditeurs si elle provient de l'Avoir. En ce cas, on le comprend, l'intérêt est direct ; celui qui doit la somme doit aussi les intérêts.

Le contraire a lieu lorsque les échéances dépassent l'arrêté du compte. Cette inversion donne lieu dans les méthodes enseignées jusqu'alors à l'emploi des Nombres Rouges que notre régime nouvelle a heureusement supprimés.

Nota — Les intérêts d'un compte courant se règlent de gré à gré par les parties intéressées; toutefois le maximum du taux légal est fixé à 6 % par année.

Les intérêts sont réciproques lorsqu'un intérêt unique sert de base à la clôture d'un compte; ils sont différentiels, quand par une convention spéciale un des contractants exige une rémunération plus élevée que celle qu'il accorde à son client.

Ancienne Méthode
Suppression des nombres rouges

D'après cette méthode on est tenu d'attendre la clôture du compte pour calculer les intérêts; c'est pourquoi elle est généralement abandonnée par les négociants qui ont un grand nombre de comptes courants à établir. Nous croyons même que la suppression des nombres rouges soit le seul avantage consiste à produire des intérêts réels ne donnera pas un adepte de plus à cette méthode; néanmoins comme elle est appelée à rendre quelques services nous n'hésiterons pas à lui consacrer quelques lignes et un tableau qu'il sera bon de consulter à mesure des explications ci-dessous.

Art. 1er 5000f au doit des sommes; espèces versées en dépôt valeur 4 janvier. De cette date au 28 Février époque de l'arrêté de compte il y a 55 jours à parcourir lesquels multipliés par la somme produisent en retranchant deux chiffres 2750. Puisqu'il s'agit de jours à parcourir ces nombres sont directs et par conséquent inscrits au débit des nombres.

Art. 2 À l'avoir des sommes 102 retour sur Mons échu le 28 Dbre. De cette date au 28 Février nous trouvons 62 jours à parcourir l'intérêt est encore direct; nous porterons donc le nombre 63 au crédit.

Art. 3 et 4 Détachons d'un bordereau remis à nos banquiers le 20 janvier deux valeurs dont l'échéance commune est au 28 Février. Cette date est précisément celle de l'arrêté de compte, il y a donc pas de jour à parcourir et par cette coïncidence les colonnes des jours et des nombres restent en blanc, ce qui n'empêche pas de mettre au doit des sommes celle de 570 et celle de 251.25.

Art. 5 D'après l'ancienne méthode cet article nécessitait l'emploi des nombres rouges par la raison fort simple que nous ne trouvons plus des jours à parcourir mais bien 10 jours d'écoulés du 10 Mars à l'arrêté du compte. Il faudra donc après avoir inscrit au doit des sommes celle de 333.30, créditer nos banquiers de 33 nombres sans avoir recours au carmin.

Tous les cas étant prévus par les exemples cités plus haut nous ne croyons pas devoir poursuivre ces explications.

Pour clore ce compte on inscrit à l'avoir des sommes le change réclamé puis on fait les additions des nombres, on prend ensuite la différence de ces nombres pour la placer sous le chiffre le plus faible, cette différence divisée par le taux de l'intérêt produit à 6% 29.40 que nous plaçons au doit des sommes attendu que le débit de nos banquiers excède leur crédit de 1791 nombres. On additionne ensuite les sommes et les nombres, et après avoir tiré une ligne en travers du compte la différence des sommes s'inscrit au débit en la faisant suivre de ce mois. Débiteurs à nouveau, 1er Mars.

Folio	Année 186	Sommes			Leriche & Cie banquiers en Alle leur Compte courant commencé le 1 Janvier arrêté le 28 février	Échéances des Valeurs		Jours	Nombres	
		Doit	Différences	Avoir					Débits	Crédit
2	12 Janvier	5 000			Espèces versées en dépot	4 Janvier	55		2 750	
2				102	Retour s/ Meme ...	28 D.bre	62			6
5	20	570			Sur Macon	28 Février				
5		251	25		Sur Metz	28				
5		333	30		Sur Charolles	10 Mars	10			8
6		500	30		Sur Epinac	20	20			10
7	1 Février	600			Sur Lyon	5 Février	23		138	
7		640			Sur Marseille	10 Mars	10			6
8		250			Sur Macon	28	28			2
8				4 000	Espèces reçues	1 Février	27			1.08
8	7			606 65	Retour de Paymal Lyon protesté	5	23			13
9	16	5 000			Espèces versées	16	12		600	
11	25			5 000	Espèces reçues	25	3			12
12	28			0 83	1/4 % change s/ Charolles					
12					Totaux des nombres				3 488	169
12		29 95			Intérêts 6 % s/ la diff. des nombres					1797
		13 174 80	3 465 32	9 709 48	Bal. des nombres				3 488	3 488
		3 465 32			Débiteur à nouveau	1 Mars				

Méthode ascendante à époques primordiales

Par cette méthode le calcul des intérêts se fait dès l'inscription des articles, elle donne en outre la facilité de produire des intérêts à cela dont l'avantage consiste à faire disparaître la complication des nombres à transposer, et à faire connaître la véritable situation d'un compte, intérêts compris.

Le point de départ provient soit du reliquat de l'ancien compte, soit de la date d'une recette ou d'un paiement en espèces, soit encore de l'échéance d'une valeur pourvu que sa date soit antérieure à toute opération.

Art. 1er (Voir le tableau ci-contre) 5000f au Doit des sommes, espèces versées, valeur 4 Janvier. Le mot Époque qui nous a signalé qu'aucun jour ne s'était écoulé lors de cette remise en espèces, et précise une date vers laquelle nous ferons remonter toutes les opérations à l'exception de celle qui suit.

Art. 2e. 105f à l'avoir des sommes, Retour d'un Mémo échu 28 9bre. Fortuitement, il se présente des intérêts directs provoqués par les jours qui sont à parcourir; nous dirons donc: en descendant l'ordre naturel du Calendrier; Du 28 9bre l'échéance de la valeur au 4 Janvier époque, il y a sept jours, lesquels produisent en retranchant, 2 chiffres, 7 nombres. En conséquence il faut les inscrire au crédit de nos banquiers, Section des nombres.

Art. 3e. 170f au doit des sommes, sur Mâcon, 28 Février, 55 jours. Bien que nos banquiers aient été débités de la somme ci-dessus énoncée, il est évident qu'il faudra inscrire 518 nombres à leur crédit, attendu que l'échéance de cette valeur est postérieure à l'époque vers laquelle on fait remonter tous les calculs; il est donc naturel de leur tenir compte des 55 jours écoulés. On procède de la même manière, pour les articles qui suivent en opposant aux sommes des nombres en contradiction avec elles.

Pour clôre ce compte on procède comme suit :

1° Additionner le Doit et l'Avoir des sommes.

2° Prendre la différence de ces deux sommes et l'inscrire une ligne en dessous dans la colonne grise. Cette différence qui fait partager toutes les sommes aux intérêts se multiplie par les jours parcourus depuis l'époque à l'arrêté de compte, soit 55 jours pour 5455. 20 sommes en nombres 1797. Ces nombres s'inscrivent ici au Débit par la raison bien simple que le Doit des sommes étant supérieur à l'Avoir, nos banquiers doivent être débités des nombres produits par cette différence.

3° Joins à l'Avoir des sommes 5.85 pour change réclamé ¼ pour % sur Charolles.

4° Additionner les nombres.

5° Établir la différence des nombres, soit 1797 pour la placer sous le chiffre le plus faible afin d'obtenir une balance.

5° Diviser cette différence par le taux de l'intérêt et on obtiendra à 6 %, 29f 95 qu'il faudra porter au Doit des sommes par ce que le Débit des nombres excède le Crédit.

6° Compléter l'addition des sommes, et après avoir tiré un double trait en travers des sommes et du texte, on prend la différence de tout le chiffre s'inscrit au Doit des sommes précédé de la date et suivi de ces mots : Débiteur à nouveau 1er Mars Époque.

Folios	Année 18		Sommes			Zeriche & Cie Banquiers en Ville leur Compte courant Commencé le 4 Janvier, arrêté au 28 Février	Échéances des Valeurs		Jours	Nombres	
			Doit	Différence	Avoir					Débits	Crédit
2	4	Janvier	5 000	"		Espèces versées en dépôt	4	Janvier	Epoq		
2				"	102	Retour s/ Moens de Voiron	28	D.bre	2		513
5	20		370	"		s/ Maison	28	Février	55		138
5			251	25		s/ Metz	28		55		816
5			333	30		s/ Charolles	10	Mars	65		37
5			300	30		s/ Tonare	40		75		192
7	1	Février	600	"		s/ Lyon	5	Février	32		411
7			640	"		s/ Marseille	10	Mars	65		800
7			250	"		s/ Macon	25		80		
7				"	4 000	Espèces reçues	1	Février	28	1 120	
8	7			"	606 65	Retour s/ Paymal Lyon protesté	5		32	194	
9	16		3 000			Espèces versées	16		43		2 150
11	25			"	3 000	Espèces reçues	25		58	2 600	
			13 144 85	3 436 20	9 708 65	Différence multipliée par 55	28	Février	58	1 890	
12	28				0 83	1/4 % Change s/ Charolles				5 804	4 007
12			29 95			Intérêts s/ la différence des nombres					1 797
			13 174 80		9 708 48					5 804	5 804
			3 465 32			Débiteurs à nouveau	1	Mars	Epoq		

Méthode à Echelle. Intérêts 6%

Sommes Doit et Avoir	Guriche & Cie banquiers Commence le 13 Décembre, arrêté le 10 Février	Echéances des Valeurs		Jours	Intérêts Débits	Crédits	
100	Retour & Messieurs	28	Dbre	7		0	12
2000	Versement espèces	4	Janvier	28	11 85		
4848	Différence au débit	1	Février				
4000	Espèces reçues			4	0 50		
198	Diff.ce au débit	5	id				
800	s/ Lyon	5	id				
1498	Diff.ce au débit						
800 65	Retour & Raynal protesté	5	id				
191 35	Diff.ce au débit			41	1 64		
2000	Espèces versées	16	id				
2191 35	Diff.ce au débit			9	2 84		
8000	Espèces reçues	22	id				
191 35	Diff.ce au débit						
570	s/ Meaux	28	id				
861 35	Diff.ce au débit	28	id				
1712 60	Diff.ce au débit						
840	s/ Marseille	10	Mars	(10		1	52
836 30	s/ Chaville	10	id	20		1	57
100 30	s/ Emace	10	id				
250	s/ Macon	25	id	25		1	04
2656 80							
0 83	s/ Change & Chaville						
3425 63	Diff.ce au débit ... Intérêts à réduire			33 74			
	qu'à déduire au débit pour diff.ce Doit			5 45			
	Totaux des intérêts			28 29			
23 14	Intérêts en ma faveur					23	14
3659 21	Solde débiteur et balance des intérêts			28	23	28	29

Sera fois employée lorsqu'il s'agit de régler des intérêts à des taux différents, la Méthode à Echelle présente dans la pratique de fréquent embarras suscités par la graduation des échéances à observer, par les nombreux calculs qu'elle nécessite et par les échéances communes à établir : mais ce n'est pas une raison pour ne point indiquer l'emploi de cette méthode d'autant plus qu'à côté du mal nous fournissons ci-contre un système prompt et rigoureusement exact. Par la méthode à échelles on procède ainsi : Toutes les sommes s'inscrivent dans une colonne unique. Additionnées tant qu'elles sont de même nature on soustrait dès qu'un débit succède à un crédit et réciproquement.

Du point de départ à l'arrêté de compte on établit les calculs sur les soldes, à l'exception toutefois de la première somme qui est calculée pour son importance par le nombre de jours qui la sépare de la deuxième opération. Ainsi notre premier article daté du 28 Dbre a l'avoir 100 f. Le deuxième article daté du 4 Janvier au Doit 2000 f. Ceci posé nous dirons du 28 Dbre au 4 Janvier il y a 7 jours, les quels ont rapport avec la première somme et fournissent au Crédit des intérêts 0 12. On prend ensuite la diff.ce de la 1re à la 2e opération et il résulte 1898 diff.ce au Doit. On attend ensuite la 3e opération ; ici elle a lieu au 1er Février, soit 4000 à l'avoir. Par conséquent, nous dirons encore du 4 Janvier au 1er Février il y a 28 jours dont on se sert pour calculer les intérêts sur le solde 1898, soit 2486 au Débit des intérêts, puisque le solde est Débiteur. On procède ainsi jusqu'au 10 Février, date de l'arrêté de compte, en observant que les valeurs portant cette dernière date n'ont ni intérêts à payer, ni à recevoir. Et pour les valeurs qui dépassent cette date de clôture on établit les intérêts non plus sur les soldes mais bien sur les sommes elles-mêmes en transposant les intérêts c'est-à-dire en les plaçant au Crédit s'ils proviennent d'une somme du Doit et réciproquement.

Méthode ascendante à époques primordiales. Intérêts différentiels 5 % au Doit et à l'Avoir 6 %

Folio	Année 186	Sommes			Zeriche & Cie banquiers en Ville leur compte courant Commencé le 4 Janvier, arrêté le 28 Février	Échéances des Valeurs		Jours	Intérêts	
		Doit	Différences	Avoir					Débits	Crédit
2	4 Janvier	5 000	"	"	Espèces versées en dépôt	4	Janvier	Époq	"	"
2	"	"		102	Retour s/ Mtème. idem	21	D.bre	7		
5	20	370	"		s/ Mâcon	21	Février	55		5.
5	"	251	25		s/ Metz			55		2
5	"	333	30		s/ Charolles	10	Mars	65		3
6	"	500	30		s/ Tarare	20	id	75		6
7	1.er Févr.	600	"		s/ Lyon	5	Février	52		3
7	"	640			s/ Marseille	10	Mars	65		6
7	"	250			s/ Mâcon	20	id	80		3
8	"	"		4 000	Espèces reçues	1.er	Février	28	18 60	
8	7	"		606 65	Retour s/ Raymal & son protesté	3	id	52	3 25	
9	16	5 000	"		Espèces versées	16	id	43		35
11	25	"		5 000	Espèces reçues	25	id	52	43 35	
					Intérêts au débit				65 22	
					1/6 à déduire pour différence d'intérêts				10 87	
					Totaux des intérêts				56 35	66 7
		18 144	85	9 703 65	Totaux. Intérêts 5 % au Débit et au Crédit 6 %	28	Février	55	100 41	18 9
12				0 83	Change 1/4 s/ Charolles				46 06	23
		23	84		Différence des intérêts en ma faveur					23
		18 168	"	9 709 48					46 06	46 0
		3 459	21		Débiteur à nouveau	1.er	Mars	Époq		

Après avoir déduit le 6.eme pour différence d'intérêts au Débit, et calculé l'intérêt des sommes à 5 % au Doit et 6 % à l'Avoir, on obtient l'intérêt réel par deux soustractions inverses dont la différence est de 23.84 somme égale à celle trouvée par la méthode à Échelles.

Carnet spécial aux Retours de Marchandises.

Dans une Maison importante, où les écritures se multiplient à l'infini, les Retours de marchandises peuvent se classer en deux parties distinctes.

1° Les marchandises en retour accompagnées d'espèces ou d'effets, c'est-à-dire, celles faisant partie d'un règlement, s'inscrivent directement au Journal des règlements, afin d'éviter plusieurs reports au Grand-Livre.

2° Les marchandises qui reviennent isolément, et c'est ce qui arrive le plus fréquemment, s'inscrivent sur ce petit Carnet, qui est tenu de préférence par les employés chargés de vérifier les marchandises.

Ce livre, nous le répétons, n'est indispensable que lorsque la division du travail est d'une nécessité absolue ; s'il n'en était pas ainsi, on pourrait le supprimer et porter tous les retours sur le Journal des règlements.

On reporte de ce Carnet directement au Grand-Livre ; et lors de la balance l'addition du Doit est ajoutée à la sortie du compte de Marchandises retournées du livre des Règlements ; tandis que l'addition de l'Avoir est elle-même additionnée avec l'entrée des Marchandises retournées du livre des Règlements.

Folios	Dates des retours Année 18	Noms et Domiciles des Clients et Fournisseurs	Sommes Partielles	Marchandises Retournées aux Fournis. Doit	Marchandises Retournées par les Clients Avoir

Créations des Mandats
Comportant leurs remises immédiates

La division du travail est parfois nécessaire dans une Maison de Commerce où les opérations sont multipliées.

Voici un registre qu'on pourra remettre entre les mains de la personne chargée de faire les dispositions sur les clients, et d'en passer écriture.

Il faut remarquer qu'aucune valeur qui prend place ici n'est censée entrer en portefeuille. L'Avoir des clients doit égaler le Doit des fournisseurs ou banquiers, c'est-à-dire, que la création des Mandats ne s'opère qu'en vue de les remettre immédiatement; car, s'il en était autrement, les Mandats seraient inscrits sur le Journal des Réglements.

On se rappelle que tous les effets inscrits sur le Journal des Réglements portent comme marque distinctive le folio du registre et le numéro correspondant à son entrée. Ici, afin d'éviter toute confusion qui pourrait se produire entre les folios et les numéros de deux registres, chaque Mandat créé portera : 1° le folio de ce registre, 2° la lettre en regard de laquelle il est inscrit.

Remarque. Dès que les écritures du Journal des Réglements sont reportées au Grand Livre, on opère de la même manière pour le report des écritures de ce registre, lesquelles figurent aux balances au titre Doit et Avoir par Réglements.

Folios	Année 18		Noms et Domiciles des Clients, Banquiers et Fournisseurs	Echéances des Mandats	Doit Banquiers et Fournisseurs		Avoir Clients
						a	
						b	
						c	
						d	
						e	
						f	
						g	
						h	
						i	
						j	
						k	

Résumé des Pertes et Profits

Après avoir ouvert sur ce Registre des comptes aux différentes natures de Pertes et Profits on repartit minutieusement à l'aide du Journal des réglements tous les articles relatifs à chaque compte. Ci-contre un exemple des escomptes accordés aux clients et exigés des fournisseurs.

On indique dans la 1re colonne les folios des pages employées au livre des Réglements pour l'inscription des opérations, soit suivant notre méthode, en folio 20. Dans les colonnes suivantes on inscrit les dates entre lesquelles elles ont lieu, soit du 1er Janvier. On écrit ensuite dans la colonne des Pertes l'escompte aux clients et dans celle des Profits les diminutions faites pour escompte aux fournisseurs.

On répète le même travail chaque fin de mois.

			Escomptes				
Folios du Livre des Réglements		Année 18	Pertes		Profits		
			Reports				
1	à 6	du 1er au 31 Janvier	22	95	51	35	
7	à 12	du 1er au 28 Février	19	95	"	"	
	à	du au					
	à	du au	42	90	51	35	
	à	du au					
	à	du au					
	à	du au					
	à	du au					
	à	du au					
		à Reporter					

Les escomptes ne doivent dans aucun cas faire cause commune avec les rabais. Les escomptes provenant de paiements anticipés sont prévus dans un Compte de revient tandis que les Rabais doivent indiquer un imprévu résultant soit de la négligence de l'expéditeur, soit de l'exigeance ou de la mauvaise foi du destinataire. Cela revient à dire, que si nous importe peu de voir grossir le chiffre des escomptes, nous devons contrôler souvent le chiffre des rabais dans le but de diminuer son importance à l'avenir s'il y a lieu.

Chevaux & Voitures

Folios du Livre des Réglem.	Année 18	Renseignements concernant l'Achat.	Doit		Folios du Livre des Réglem.	Année 18	Renseignements concernant la Vente	Avoir
		Report					Report	
6	25 Janv.	Achat d'un cheval	650	"	9	16 Fév.	Vente d'une vieille voiture	200
8	16 Fév.	— id — à Delgranges	1100	"				
			1750	"				200

Subdivision des Marchandises Générales

Huile d'olive

	Année 18 31 Dᵇʳᵉ	Entrées			Année 18		Sorties	
		des Nombres	des Sommes				des Nombres	des Sommes
	Restant à l'Ouverᵗᵉ	4660	„	9786	„					
à	du au					1 à du au 4 Janvⁱ	108	„	252	„
à	du au					2 à du au 12 „	156	„	374	40
à	du au					3 à du au 20 „	475	„	1116	25
à	du au					4 à du au 25 „	1575	„	3701	25
à	du au					5 à du au 15 Févⁱ	222	„	528	75
à	du au					à du au				
à	du au					à du au	2536	„	5972	65
à	du au					Déchet constaté à l'Inventᵗ	24	„		„
à retrancher la Sortie	2560	„	5972	„		à du au	2560	„	5972	65
à	du au					à du au				
à	du au	2100	„	3814	„		à du au				
Ouvᵗᵉ 28 Février	2100	à 210	4410	„			„	„	„	„

Fin de la Méthode

Lyon Lith. Jallot Qⁱ Joinville, 41

Table des Matières

www.ingramcontent.com/pod-product-compliance
Lightning Source LLC
Chambersburg PA
CBHW071146200326
41519CB00018B/5135